KB235017

내 아이의 미래를 위한 키워드

정서지능 Jump-Up

내 아이의 미래를 위한 키워드

정서지능 Jump-Up

김윤희 지음

세종미디어

유아교육 현장의 용감한 정서교육 옹호론자

김윤희 대표는 역시 정서교육에 일가견이 있다. 리틀소시에가 정서발달과 교육의 특화라는 화두를 던지면서 등장할 때 그 자신감의 뿌리가 깊고 튼튼했다는 사실을 이 책을 통해서 새삼 확인한다.

한국교육계에 널리 퍼져 있는 안타까운 오해 가운데 하나가 인지발달이 정서발달보다 더 중요하다는 신화다. 이 신화는 지금도 많은 한국인 부모들의 머리를 지배하고 있다.

그러나 진실은 분명히 다르다. 정서발달이 인지발달보다 더 빨리 일어나는 것이 사실이고, 정서발달의 토대 위에서 인지발달이 든든하게 자리 잡을 수 있다는 것도 사실이며, 정서상태가 인간의 모든 신체적, 인지적 행동의 시작점에 관여하고 있는 것 또한 사실이다.

그래서 정서발달을 촉진하는 교육과 환경의 구축이 모든 조기 및 유아교육의 키워드가 되어야 한다. 이 책의 저자인 김윤희 대표는 이런 잘못된 신화와 오래도록 맞서 싸워온 유아교육 현장의 용감한 정서교육 옹호론자다.

이번에 출간되는 김윤희 대표의 책은 시기적으로 특히 의미가 깊다. 정서교육의 부재와 소홀한 취급이 부메랑처럼 우리 학교와 사회 속에 부작용으로 되돌아오고 있음을 두려운 북소리로 경고하고 있는 것처럼 느껴지기 때문이다. 높은 청소년 비행율과 자살률, 유명 명문대생의 심각한 부적응 현상 등등이 가리키는 표적은 정서교육을 소홀히 한 가정교육과 학교교육 및 교육정책일 것이기 때문이다.

김윤희 대표는 오래된 정서교육의 일선 현장에서의 경험을 그의 독특한 교육철학 속에 잘 녹여서 학부모들의 눈높이에 맞게 정서교육의 중요성과 구체적 지도방법을 아주 섬세하게 제시한다. 많은 이들이 이 책을 읽고 정서발달이 든든하게 잘된 자녀 키우기에 성공하기를 바란다.

- **문용린** 서울대 교육학과 교수, 긍정심리학회 회장, 한국교육학회 회장

열정과 소중한 꿈이 빚어낸 책

몇 년 전 처음 만난 김윤희 대표는 자신 있고, 활기차며, 당당한 여성이었다. 그때 김 대표 는 유아시기의 아이들에게 정서교육과 리더십 교육을 시켜야 한다는 확신을 갖고 있었다. 나는 전적으로 김 대표의 생각에 동의했고, 도움을 준 결과 짧은 시간 안에 MBL Course(Master of Big Leadership)이라는 유아리더십 프로그램을 개발해 냈다.

그런 김 대표가 평소에 갖고 있던 확신을 바탕으로 수년간 아이들을 위한 프로그램을 만들며 수많은 부모를 만나 상담하며 얻은 경험과 노하우를 이 책에 정성껏 풀어놓았다. 나로서는 참으로 반가운 일이 아닐 수 없다. 그녀의 소신과 소중한 가치가 빚어낸 이 책이 이 땅의 많은 엄마들에게 하나의 지침서가 되어 모든 아이들이 사회에서 인정받는 리더가 되기를 바란다.

- 김경섭 한국리더십센터 회장, 『자녀교육의 원칙』 저자

이 책의 가장 큰 미덕은 살아 있는 현장의 목소리

아이들에게 좋은 부모가 되려면 어떻게 해야 하는지 고민하고 있는 분들에게 강력 추천하고 싶은 책이다. 나 역시 세 아이를 하버드, 예일, 스탠포드를 졸업시킨 엄마로서 어떻게 아이를 키워야 자녀가 성공을 이룰 수 있는지에 대해 너무나 공감되는 책이고, 현장의 목소리가 생생하게 살아 있다. 내용이 딱딱하지 않고, 잘 읽히며, 재미있기까지 하다.

이 책의 강점은 생후 24개월부터 4세, 5세까지 연령별도 구분되어 있어 지금 내 아이의 나이에 맞는 육아법을 골라서 읽어보고, 실생활에 적용할 수 있다는 것이다. 하지만 더 큰 강점은 아이에게 문제가 생겼을 경우 이 책을 통해 그 진의 시기를 돌아보며 나 자신을 반성하고, 지금 어떻게 해야 효과적으로 아이를 가르칠 수 있는지, 그 방법을 찾을 수 있다는 것이다.

- **김영순** CTI korea 대표, 『자녀교육의 원칙』 공동 저자

부모와 교육자의 생각이 조화롭게 담긴 책

저자인 김윤희 대표는 엄마, 아내, 교육자 등 여러 역할을 바쁘게 수행하면서도 행복하고 열정적인 삶을 살고 있습니다. 엄마가 행복해서인지 자녀들도 밝고 자율적이며 씩씩합니다. 큰 아이는 다재다능하며 적극적이고, 친구들과 잘 어울리며, 나서기를 좋아하는 사랑스런 영재입니다. 둘째는 동물을 사랑하고 운동을 좋아하여 수의사와 축구선수가 되고 싶은 뚝심과 고집이 있는 남자다운 아이입니다.

서로 다른 기질과 성격의 두 자녀를 키우는 한편 현장에서 많은 유아들을 만나고 성장하는 모습을 보다 보니 부모로서의 주관적 입장과 교육자로서의 객관적인 생각이 조화롭게 이 한 권의 책에 고스란히 담겨 있습니다. 자녀에게는 타인이지만 양육의 책임감을 가진 부모들에게 많은 도움이 되리라 기대합니다. 자녀가 행복해지기 위해서 자녀가 원하는 것을 이룰 수 있도록 어떻게 도와주는지, 자녀의 재능과 자질을 감성교육을 통해 어떻게 키우는지 저자의 행복한 이야기에서 발견해 보시기 바랍니다. 감성교육을 통해 어떻게 키워나가야 할지 저자는 이 책 속에서 말하고 있습니다.

- **서예원** 교육학 · 아동심리학 박사, 영재프로그램 개발자

아이들의 미래, 정서교육이 답이다

이런저런 고민 없이 '그냥 삶'을 살 수도 있었던 내가 이 일을 하면서 갖게 된 최대의 관심사를 한 마디로 요약하면 '가치 있는 삶'이라 할 수 있다. 내 나이 이제 마흔. 미국의 대통령 아브라함 링컨이 말했던가. 40세가 되면 자기 얼굴에 책임을 져야 한다고. 또한 공자는 '불혹'이라 하여 어떤 것에도 흔들리지 않는 나이라 했다.

물론 요즘 같은 고령화시대에는 오래 살았다고 할 수 없는 시간이다. 하지만 아이 둘을 낳은 뒤 여러 아이들을 키우는 일을 하는 동안 남들만큼 어려움을 겪었고, 남들만큼 결정적인 고비도 여러 번 넘겼다. 그래서 40줄에 들어선 지금은 가능한 한 차분한 마음으로 세상을 관조하는 한편 내 삶이 가치 있기를 바라는 마음으로 살고 있다.

돌이켜보면 세상일에 대해 별다른 지식이 없는 내가 그나마 지금의 자리에서 유아와 그들의 부모, 교사를 위한 교육프로그램을 만드는 일을 하며 삶을 가꾸어가고 있는 것은 '가치'라는 단어가 나에게 준 선물이라는 생각이 든다.

많은 이들이 다른 사람들은 별다른 걱정 없이 사는데 나만 고통스럽게 사는 것 같다는 생각을 하곤 한다. 그러나 '리더'는 다르다. 그들은 시행착오와 고통을 두려워하지 않는다. 고난과 시행착오의 다음 단계가 바로 성공의 길로 들어서는 문턱임을 너무나 잘 알고 있기 때문이다.

최근 유행하는 오디션 프로그램을 봐도 TOP 10 안에 든 참가자들의 경우, 음악적인 실력은 다른 참가자들과 엇비슷하지만 뭔가 다른 구석이 있다. 그들은 심사위원의 독설(?)을 겸허히 수용하며 다음 무대에서 기대에 맞게 변신한 모습을 보여준다. 다시 말해 "넌 기본이 안 돼 있어!"라고 하면 그 말을 부정하거나 피하거나 혹은 상처를 입거나 좌절하지 않는다. 자기 자신을 들여다보고, 반성하고 모자라는 부분, 다시 말해 기본기를 쌓으려고 노력한다. 그 결과 확연히 달라진 모습을 보여줄 수 있는 것이다. 심사위원 입장에서는 흐뭇하고도 기특한 일이 아닐 수 없다. 당연히 좋은 점수를 얻게 되고, 한 단계 높은 무대에서 좀 더 명확하게 자신을 표현할 기회를 갖게 된다.

여기서 우리가 유심히 살펴봐야 할 핵심가치가 있다. 싫은 소리를 들으면 무시당한다는 느낌이 강할 텐데 어떻게 화를 내거나 불만을 표출하지 않고 스스로 감정을 조절하고, 위기를 기회로 삼아 도약하느냐는 것이다. 그것은 아마도 그들의 내면에 있는 '정서'가 탄탄하기 때문일 것이다. 즉 사람으로서 갖춰야 할 인성을 기본적으로 갖추고 있다는 뜻이다.

나도 언젠가 누군가로부터 '다시 배우고 와서 얘기하자!'라는 독설을 들었을 때 몹시 흥분했었다. 그만큼 내가 배움이 부족하고 기본이 안 되어 있다는 얘기인데, 처음에는 인정할 수 없었다. 하지만 회피하거나 무시해 버리지 않고 나의 사고패턴을 되돌아보며 '기본'에 대해 깊이 고민했었다.

기본에 충실하다는 것은 자신의 삶을 충실히 살아간다는 말과 다름없다. 일례로 한때 신종 플루가 유행처럼 번질 때 우리 교육기관은 정말 아무런 영향도 받지 않았다. 그때 내가 어머니들에게 강조한 말이 있다. 바로 '기본'에 충실하자는 것이었다. 신종 플루, 피할 방법이 없다면 잘 먹이고, 잘 놀리고, 잘 재우고, 잘 싸게 하여 예방효과를 더 높이자는 것이 내 판단이었다. 결국 내 판단은 옳았다.

안타깝게도 갈수록 삶의 무게를 이기지 못해 스스로 목숨을 버리는 사람이 늘어나고 있다. 특히 우리나라는 OECD 국가 중 청년 자살률 1위라는 불명예를 안고 있다. 아니, 청년뿐만이 아니다. 솔직히 우리 사회에는 지금 전직 대통령을 비롯한 지도층 인사들의 연이은 자살로 '살다 살다 힘들면 죽어라!' 라는 메시지가 깊고 넓게 퍼져 있는 것이 사실이다. 이런 극단적인 메시지가 아이들에게 미칠 영향을 생각하면 가슴이 답답해진다.

실제로 실험심리학자들은 '좋은 소문이 1의 속도로 퍼진다면 나쁜 소문은 그보다 훨씬 더 빠른 12의 속도로 퍼진다.' 는 연구 결과를 내놓았다. 예를 들어 모 연예인이 영화제에서 상을 탔다는 소식은 조용하고 느리게 퍼지는 반면에 모 연예인이 이혼했다거나 자살했다는 소식은 보도가 나가자마자 무서운 속도로 퍼져 곧 온 세상 사람들이 다 알게 되는 이치와 같다. 자살이나 범죄 등 부정적인 뉴스의 영향력은 어마어마해서 모방 자살이 급속도로 증가하고, 모방 범죄가 판을 치게 된다.

이와 같은 상황에서 우리 아이들을 지킬 방법은 무엇인가. 자살과 범죄라는 무서운 공격자로부터 우리 아이를 보호할 방법은 과연 무엇일까, 고민하지 않을 수 없다.

하루 종일 아이들의 뒤를 쫓아다니며 보호하고 감시한다는 것은 불가능할 뿐만 아니라 옳지 않은 방법이다. 그렇다면 이 복잡다단한 사회에서 어떻게 우리 아이가 살아남을 수 있게 할 것인가. 아니, 살아남는 것만이 아니라 더 나아가 세상에 긍정적인 영향을 끼치는 리더로 살아가게 할 것인가.

답은 '정서교육'에 있다고, 나는 믿는다. 그것도 정서와 인지가 채 형성되기 전인 유아시기에 집중적으로 정서교육을 시켜야 한다. 우리 사회에 만연하고 있는 극단적인 부정의 메시지에 영향을 받지 않으려면 정서가 튼튼해야 하기 때문이다. 다시 말해 기본이 충실해야 가치 있는 삶을 살 수 있는데, 그 기본을 만드는 것이 바로 정서교육이라는 이야기다.

선택은 결국 개인이 하는 것이다. 한 개인이 '가치' 있는 삶을 살 수 있느냐의 여부는 부정적인 감정과 부딪쳤을 때 그것을 어·떻·게 받아들이고 극복하느냐에 달려 있다. 성공 여부도 마찬가지다. 자신의 결점과 부정적 정서를 어떻게 넘어서느냐에 달려 있다.

조금 진부한 말이지만 땅 위로 뻗어 나온 줄기와 가지가 나무의 전부가 아니다. 그에 비례하는 길이만큼 땅속 깊이 뿌리를 파묻고 있다. 땅속으로 한 뼘 더 깊어져야 땅 위로 한 뼘 더 자랄 수 있다. 뿌리는 무시한 채 가지만 키워주다가는 바람이 조금만 불어도 나무는 쓰러질 수 있다. 인간도 마찬가지다. 기본은 무시한 채 외향과 조건만 갖춘,

겉으로 보기에만 그럴듯한 사람은 어려움이 닥쳤을 때 쉽게 굴복하고 만다. 바람이 조금만 불어도 무릎이 꺾이는 사람이 태풍이 몰아치면 어떻게 되겠는가? 존재 자체가 위험에 처할 수밖에 없다.

사람에게 있어 나무의 뿌리 역할을 하는 것이 바로 정서다. 정서가 튼튼하면 겉으로는 작아 보여도 폭우가 쏟아지고, 강한 바람이 휘몰아쳐도 쉽게 쓰러지지 않는다. 또한 인간적인 매력이 넘쳐흘러 주변에 사람들이 많이 모이게 된다. 무더운 여름날 뿌리 깊은 나무 밑으로 사람들이 모여드는 것과 같은 이치다. 뿌리가 깊을수록 가지와 잎이 울창해 그늘이 시원하기 때문이다. 우리도 우리 아이를 이런 나무로 키워야 하지 않을까.

그렇다면 아이를 학원에 보내고 학습지 교사를 집에 불러 공부를 시키는 것으로 아이의 기본을, 뿌리(정서)를 튼튼하게 할 수 있을까? 혹 '내 아이의 정서는, 내 아이의 기본은 걱정하지 마라! 내 가정에서 내가 다 알아서 한다!' 는 무모한 낙천주의에 빠져 있지는 않은지 돌아

볼 일이다.

교육의 본질은 아이의 현재 성적을 끌어올리는 데 있는 것이 아니라 아이에게 보다 나은 미래를 제시하는 데 있다. 엄마의 역할이 중요한 이유가 바로 여기에 있다. 엄마는 아이의 학습을 지도하는 사람이 아니라 정서를 튼튼하게 만들어주는 사람이라는 사실을 잊어서는 안 된다.

이 책은 아무런 준비 없이 엄마가 되고, 겁도 없이 사회에 뛰어들어 교육기관을 운영해 온 내가 수백 명, 아니 그 이상의 엄마들을 만나고 느끼고 경험한 것들을 정리한 책이다. 이 책이 아이들을 잘 키우기 위해 고민하고, 노력하는 이 땅의 엄마들에게 제대로 도움이 되기를, 그 엄마의 아이들이 훗날 대한민국의 멋진 리더로 성장하기를 바라는 마음 간절하다.

2011년 봄

김윤희

차례

5세까지
정서교육에 집중하라

아이 키우는 일은 정말 힘든 것일까

아이는 자라는 동안 여러 사람을 만나고, 또 그들로부터 여러 가지 영향을 받는다. 그런데 아이의 주변 사람 중에서 변함없이 아이를 돌보는 이들은 단연 부모다. 부모만큼 아이에게 많은 영향을 끼치는 사람은 아마 없을 것이다. 아이에게 있어 부모란 절대적인 존재라 해도 지나친 말이 아니다. 특히 어린 자식에게 있어 부모란 세상의 전부다.

초·중·고 교사가 되려면 일정한 시험을 통과해야 한다. 그래야 교사자격증을 받을 수 있다. 그러나 공부만 잘한다고 해서 누구나 다 교사가 될 수 있는 것은 아니다. '자격증을 얻는 시험을 보는' 자격을 얻기 위해서는 교육대학을 나오거나 대학에서 교육학 등 교직 과목을 이수해야 한다. 이처럼 열심히 해당 과목을 공부해서 어렵게 교사자격증을 딴 후에도 그들은 매 학기마다 세미나니, 연수니 해서 분주하게 '교육에 관한' 교육을 받으러 다닌다. 왜 이렇게 교사들은 무언가를 꾸준히 배워야만 하는 것이며, 행정당국은 왜 그에 따르는 각종 연수 기회를 교사들에게 제공하는 것일까?

답은 하나다. 아이 가르치는 일이 결코 간단하지 않기 때문이다. 그 어렵다는 교사자격증을 취득했어도 교사들은 아이 가르치는 일에 부족함을 느낀다. 더군다나 세상이 꾸준히 변하고 있어서 새로운 지식을 습득하지 않으면 아이들의 마음을 이해하고, 제대로 가르치기가 쉽지 않다. 이렇게 교사들이 공부에 열을 올리는 동안 우리 부모는 어떤 교육을 받고, 어떤 노력을 해왔는가?

부모가 되기 위해 따야 할 '부모자격증' 이란 것이 없으니 정부의 허가를 받고 애를 낳은 것도 아닐 것이요, 낳은 후에는 따로 양육지침이 내려오는 것이 아니니 자신이 아는 선에서 아이를 키울 게 분명하다. 그 방법이 매우 탁월해서 아이를 잘 키울 수 있으면 다행이지만 많은 사람들이 무수한 시행착오를 거치다 결국 올바른 육아에 실패하고 한다. 그 후에는 예상치 못한 결과에 좌절하고, 스스로를 책망한다. 아이를 좋은 대학에 진학시킨 부모조차도 부모 은공을 모른다느니, 자기가 잘나서 대학 간 줄 안다느니, 많이 배워도 앞가림을 못 한다느니

하는 불만을 토로하는 경우가 많다.

사실 엄마들에게 있어 아이 키우는 일만큼 어려운 숙제는 없을 것이다. 그렇다면 왜 이렇게 아이 키우기가 힘든 것일까? 아니, 아이 키우는 일은 정말 힘들기만 한 것일까?

옛사람들은 교육을 백년지대계라고 했다. 몇 달 후에 수확을 얻으려는 사람은 야채를 심고, 몇 년 후에 수확을 얻으려는 사람은 나무를 심지만 부모는 100년 후를 내다보고 아이를 키워야 한다는 것이다. 그 이유는 교육이란 자신의 아이뿐만 아니라 그 아이가 낳은 아이, 또 그 아이가 낳은 아이에게까지 영향을 미치기 때문이라는 것이다.

물론 틀린 말은 아니지만 나는 생각이 조금 더 현실적이다. 교육을 너무 거창한 것으로, 어렵게만 여겨서는 안 된다. 백년은 너무 멀다. 20년 앞만 내다보고 계획하고, 실천해도 충분하다. 여기서 전제는 계획을 세웠디면 반드시 '실천'해야 한다는 것이다. 다시 말해 아이가 네 살이면 스물네 살이 되었을 때 활기차게 삶을 즐기는 아이의 모습을 상상해 보고, 그 상상을 현실로 만들기 위해 지금 아이에게 어떤 교육을 시켜야 좋을지 신중하게 살펴보고, 선택하고, 결정하고, 계획을 짜서 반드시 실천하라는 뜻이다.

IQ가 높으면 성공한다?

물질만능시대를 살아가는 우리가 쉽게 간과하는 것이 있다면 그것은 바로 감정일 것이다. 백화점에 가면 거의 모든 것을 살 수 있지만 감정만은 살 수 없다. 약은 살 수 있어도 건강은 살 수 없는 것과 같은 이치다.

보이지 않고, 만질 수는 없지만 부족하면 당장 표시가 나는 것이 감정이다. 감정은 인간의 삶을 풍요롭게 만들기도 하지만, 순식간에 인간을 절망적인 상황에 빠뜨리기도 한다. 재미있는 사실은 사람들은 대부분 학벌이나 재산 등 원하는 것을 모두 얻고 난 후에야 비로소 '감정', 즉 '마음'에 대해 생각한다는 것이다.

여러분도 아마 돈도 있고 명예도 있는 사람이 마음 때문에 번민하는 모습을 본 적이 있을 것이다. 물질은 차고 넘치지만 주변 사람들과 마음을 주고받는, 진정한 인격적 교류 없이 살아온 사람은 허전함에 시달리기 마련이다. 허전함이 극에 달하면 자연히 우울증이 찾아온다. 우울증은 마음을 무시한 대가로 인간이 치러야 하는 치명적인 질병이다.

해외여행을 많이 다녀본 사람이라면 더욱 실감하겠지만 지금 대한민국은 외국에서 상당히 잘사는 나라로 인식되어지고 있다. 유럽 여러 나라의 백화점에도 한글로 인쇄된 카탈로그나 안내 표지판이 넘쳐난다. 외국인 판매원들은 속으로는 동양인이라고 무시할지 몰라도 겉으로는 우리나라 여행객을 부자 나라에서 온 손님으로 대접한다. 선진국에서조차 우리를 바라보는 시선이 이처럼 달라진 것이다. 그러나 아쉬운 점이 없는 것도 아니다.

대한민국이 경제대국이 되는 과정에서 얻은 불명예 중 하나가 높은 자살률이다. 하루에 35명가량이 자살로 생을 마감하는 나라가 바로 대한민국이다. 특히 청년 자살률은 OECD 국가 중 1위다. 자살률은 국내 사망 원인에서도 '교통사고'를 앞질러 암 다음으로 2위를 차지하고 있다. 심지어 중학생까지 '성적 비관'이나 '부모의 지나친 잔소리' 등으로 삶을 포기하는 경우가 있다.

왜 이처럼 어린 학생들까지 삶을 경시하게 되었을까. 인생에 대해

진지하게 생각해 볼 기회를 갖기도 전에 왜 비관이라는 덫에 덥석 걸려든 것일까.

스스로 목숨을 끊은 아이가 무엇 때문에 삶을 포기했는지 추적해보면 그 원인이 대부분 기성세대에 있음을 알 수 있다. 놀라운 것은 성적을 비관해 삶을 마감한 아이들의 경우 하위권 학생보다 상위권 학생이 월등히 많다는 사실이다. 다시 말해 그 아이들은 공부를 못해서 자살한 것이 아니다. 1등을 놓친 것이 억울하고 분해서, 자존심이 상해서, 부모에게 책망 받는 것이 싫어서, 아파트 옥상에 올라가 훌쩍 뛰어내린 것이다.

국민건강보험공단이 「2003년~2008년 서울 지역 25개 자치구별 10대 ADHD 진료 합계인원」을 조사한 결과에 따르면 10대 청소년의 ADHD, 즉 주의력결핍과잉행동장애는 지난 6년 동안 3.5배가 늘었고, 우울증 역시 40.3%나 증가한 것으로 나타났다.

노원구의 경우 전체 진료 합계 인원인 3만 6492명 중에서 4307명(11.8%)이 진료를 받아 최상위에 올랐다. 강남구가 3891명(10.7%)으로 두 번째로 많았고 송파구(3097명), 양천구(2173명), 서초구(2071명)가 그 뒤를 이었다. 사교육 3대 특구인 강남 3구(강남 · 서초 · 송파구), 노원구, 양천구의 진료 합계 인원은 모두 1만5539명으로 전체의 42.6%

에 달한다.

이와 관련해 서울지방경찰청이 집계한 「2008년 서울지역 25개 자치구별 10대 자살자 현황」을 살펴보면 3대 특구의 10대 청소년 자살 인원이 전체 75명 중에서 26명(34.7%)이나 되는 것으로 드러났다. 따라서 우울증과 ADHD이 자살 원인과 무관하지 않다는 추론이 가능하다.

사교육 3대 특구는 누구나 알고 있듯이 소득과 교육에 있어서 국내 최고 수준을 자랑하는 지역이다. 이런 지역에서 자라는 아이들이 정신적으로 힘들어 하는 이유는 돈이 부족하거나 교육을 덜 받아서가 아닐 것이다. 그 아이들에게 부족한 것이 있다면 아마도 사랑과 감정을 주고받을 수 있는 사람이 아닐까.

또한 그 아이들이 자신의 감정을 조절하고 통제할 수 있는 능력만 갖추고 있었다면 정신과를 찾거나 자살로 생을 마감하는 불행한 결과는 일어나지 않았을 것이다. 아이들이 그런 능력을 갖출 수 있도록 이끌어주고 도와주는 것이 바로 부모가 할 일이다.

엄마들은 자기 아이의 머리가 좋으면, 즉 IQ가 높으면 일단 성공적으로 살아갈 수 있는 '무기'를 가졌다고 생각한다. 물론 머리가 좋으면 남들보다 공부를 잘할 것이고, 좀 더 나은 삶을 살 수도 있다. 그러나 IQ가 높다고 해서 모두 다 공부를 잘하는 것만은 아니다. 실제로 한국의 멘사클럽(지능지수가 상위 2%에 속하는 135 이상만 가입할 수 있음) 회원 770여 명 중에서 학교 성적이 최상위권에 속하는 아이들의 비율은 19%, 상위권은 47%였다. 중하위권에 속하는 학생도 23%나 됐다.

또한 높은 지능지수가 인생을 성공으로 이끄는 결정적인 요인도 아니다. 현재 기네스북에 올라 있는 세계 최고의 IQ 보유자는 이탈리아계 미국인 마릴린 보스 사반트로 IQ가 무려 228이나 된다. 일반인들은 상상조차 하기 힘들 정도로 높은 지수다. 그런데 지금 60세의 할머니가 된 그녀는 대학을 중퇴하고 평범한 남자와 결혼해 평범한 가정주부로 살아왔다. 속사정이야 어떻든 겉으로 보이는 모습만 봐서는 세속적인 성공과는 한참 거리가 먼 인생을 살았고, 살고 있다고 할 수 있다.

IQ보다 더 중요한 것은 사고력과 집중력이다. 아무리 IQ가 높다고 해도 사고력과 집중력이 떨어지면 결코 성공적인 삶을 살 수 없다. 예를 들어 지능지수가 비슷한 두 사람이 있다고 하자. 어떤 문제가 생겼을 때 사고력과 집중력이 뛰어난 사람은 다양한 시각으로 문제를 바라보며 깊이 생각할 것이고, 문제를 해결하기 위해 온 힘을 쏟아 부을 것이다. 그래야 무엇이 문제인지 제대로 파악할 수 있고, 또 그 문제를 해결할 수 있다. 이런 사람들은 당연히 타인에게 믿음을 준다.

반대로 사고력과 집중력이 부족한 사람은 어떤 문제가 생겼을 때 부딪쳐서 해결하려고 하기보다는 신경 쓰기 싫고 귀찮아서 도망쳐버린다. 또한 당면한 문제들이 머릿속에서 정리되지 않은 채 뒤엉켜버려 엉뚱한 방법을 해결책으로 여기고 추진해 나가 문제를 더 크게 만들어버리기도 한다. 따라서 이런 사람들은 당연히 타인에게 신뢰를 주지 못한다.

리더는 타인에게 믿음을 주는 사람이다. 상대에게 믿음을 줄 수 있어야 의사소통을 원활히 할 수 있고, 사람들을 하나의 방향으로 이끌어나갈 수 있다. 이것이 바로 '정서능력'이며 '셀프 리더십'이다.

정서능력이 더 중요하다

지금 우리 아이들에게 필요한 것은 세상을 이해하는 능력, 삶을 통찰하는 능력, 인간을 사랑하는 능력, 상대의 입장을 이해하는 능력이다. 이를 '정서능력'이라고 하는데, 정서능력이야말로 1등 할 수 있는 능력보다 훨씬 더 위대하다. 우울증과 자살 충동을 이겨낼 수 있는 능력, 자신을 객관적으로 냉철하게 살펴보고 이해할 수 있는 능력, 즉 건강하게 세상을 살아갈 수 있게 하는 능력이 바로 정서능력이기 때문이다.

우리는 세상 사람들이 가치 있다고 여기는 많은 것들이 단지 수단에 불과하다는 사실, 예를 들어 돈은 행복하게 살기 위해 필요한 수단일 뿐 목적 그 자체가 될 수는 없다는 사실을 아이들이 깨달을 수 있도록 부모가 먼저 행동으로 보여줘야 한다.

돈을 목적으로 삼는 사람은 수시로 좌절하기 마련이다. 세상에는 나보다 돈이 많은 사람이 늘 존재하기 때문이다. 생각해 보라. 돈으로 살 수 있는 것은 한정되어 있다. '고매한 인격'을 지폐 몇 장으로 구입할 수는 없는 법이다.

학교 성적도 마찬가지다. '좋은 대학'에 들어가기 위한 수단일 뿐 진정한 가치라고 할 수 없다. 절망을 안겨주는 것이 어떻게 좋은 가치가 될 수 있겠는가. 어차피 좋은 대학도 사회에서 인정받기 위한 하나의 수단일 뿐이다. 반드시 좋은 대학을 나오지 않아도, 돈이 많지 않아도 사회적으로 인정받을 수 있다. 자신을 둘러싸고 있는 여건에 상관없이 남에게 긍정적인 영향을 미치고, 타인의 마음을 움직일 수 있다면 누구든 그를 훌륭한 사람, 즉 리더로 생각할 것이다. 리더는 결과보다는 과정을 즐기는 사람이며, 자신의 선택을 믿는 사람이다.

물론 이와 같은 사실을 모르는 엄마는 아마 없을 것이다. 그럼에도 불구하고 "리더고 뭐고 다 좋지만 어쨌든 대학을 나와야 회사에 취직을 할 수 있고, 취직을 해야 먹고살 수 있잖아요."라고 말하는 엄마들이 많다. 충분히 이해할 수 있는 걱정이다.

앞에서 한 말이 아이의 성적이나 학벌 등이 현실적으로 중요하지 않다는 뜻은 아니다. 당연히 중요하다. 중요하기 때문에 제대로 된 지름길로 가야 한다는 것이다. 그 지름길이 바로 유아시기에 정서교육을 시키는 것이다.

스스로를 긍정적으로 바라보고 친구들과의 소통을 즐기는 아이, 내가 무엇을 잘하는지 알고 그것을 목표로 삼아 차근차근 계획을 세워 실천할 줄 아는 아이라면 사회가 어떻든 부모가 뭐라고 하든 스스로 자신의 길을 찾아 씩씩하게 걸어갈 것이다. 실제로 이런 아이들이 자아존중감도 높고, 주도적으로 학습하는 능력도 뛰어나다. 따라서 좋은 대학에 들어갈 확률도 그만큼 높고 사회에 나가 성공적인 삶을 살아갈 확률도 높은 것이다.

예전과는 다르게 인터넷이 발달하고, 교육을 받을 수 있는 기회도 많아 배움의 장이 넓어졌다. 그야말로 지식이 넘치는 사회라고 할 수 있다. 유학을 다녀온 사람도 흔하다. 대학 캠퍼스에 들어서면 분명히 우리나라 학생인데도 외국어로 대화를 나누는 친구들을 심심치 않게 볼 수 있다. 그런데 왜 우리나라 기업들은 인재를 구하지 못해 애를 먹고 있는 것일까?

한 기업인은 취업을 원하는 우리나라 대학생들을 이렇게 평가하고 있다.

"배운 것이 많아도 실무 능력이 없고, 아는 것이 많아도 교양인이 아니다."

다시 말해 학교에서 배운 것과 실무에는 차이가 있고, 머릿속에 든 지식은 많아도 조직생활에서 가장 중요한 소통과 화합의 능력, 남을 배려하는 마음 등은 부족하다는 뜻이다. 실제로 경쟁자는 반드시 물리쳐야 직성이 풀리는, 매너 없고 이기적인 친구들이 꽤 있다. 이는 부모들이 아이들 성적 올리는 데에만 급급한 나머지 사람을 귀중히 여기는 인성교육은 소홀히 한 결과다.

예를 들어 아이들에게 "좋은 음식은 친구와 나누어 먹어라." "아끼는 장난감이라도 친구가 원한다면 빌려주어라." 등등의 말을 하는 것으로 인성교육을 했다고 믿는 부모들이 의외로 많다.

하지만 이는 인성교육이라고 할 수 없다. 지금 사회는 물질적으로 매우 풍요롭다. 빈부의 격차는 여전히 존재하지만 같은 동네에 사는 아이들은 대부분 비슷한 음식을 먹고, 비슷한 종류의 장난감을 가지고 논다. 현실적으로 다른 동네에 사는 아이들을 만나서 어울리기는 힘들다. 부모들도 마찬가지다. 즉 물질적인 것으로는 아이들 인성교육을 시키기가 어렵다는 것이다. 그래서인지 두 명 이상의 자녀를 둔 가정의 경우 형과 동생이 좋은 음식을 나누어 먹고, 사이좋게 지내면 '우리가 아이들 인성교육과 정서교육을 잘 시켰구나.' 하는 착각을 하게 된다.

하지만 아이들이 서로 음식을 나누어 먹고, 사이좋게 지낸다고 무조건 좋아할 일은 아니다. 냉정하게 말하면 그것은 엄마가 아이들로부터 스스로 타인과 조화로운 인간관계를 맺을 수 있는 방법을 터득할 기회, 갈등이 생겼을 때 갈등을 인정하고 서로 대화를 통해 해결할 기회를 빼앗은 대가로 얻은, 겉으로 보기에만 달콤한 결과이다. 더 심하게 말하면 아이들을 살아 있는 인형으로 키우는 것이나 마찬가지다.

물론 형과 동생이 서로 자기가 갖고 놀겠다며 장난감을 뺏고, 빼앗기는 모습을 보면서 '아이들이 드디어 갈등의 과정을 겪는구나. 내버려두면 슬기롭게 이 상황을 해결할 거야. 그럼 인격적으로 한 단계 더 성숙해질 테지. 정말 잘된 일이야!' 라고 생각할 부모는 거의 없을 것이다. 대부분의 부모는 아이들이 티격태격하다 뒤엉켜 싸우지는 않을지, 몸싸움을 하다 다치지는 않을지, 저러다 공격적인 성향을 지니게 되는 것은 아닌지 등등의 이유로 '차라리 하나 더 사주자. 그럼 더 이상 싸우지 않을 거야.' 라는 참으로 쉬운 결론을 내린다.

하지만 이런 식으로 갈등의 원인을 없애버리면 아이들은 자라는 과정에서 친구나 가족과 갈등이 생겼을 때 어떻게 풀어야 할지 방법을 몰라 혼란에 빠진다. 마음의 상처를 입을 수도 있고, 친구나 형제 또는 부모를 미워할 수도 있다. 친구나 가족을 미워하는 것만큼 불행한 일도 없을 것이다.

너는 공부만 열심히 하면 된다며 아이에게 사소한 심부름조차 시키지 않는 것 역시 아이의 인성을 해치는 나쁜 태도다. 그렇게 자란 아이는 부모가 경제적으로 어떤 어려움을 겪고 있는지, 얼마나 힘들게 일을 하는지 전혀 알지 못한다. 가장 가까운 사람의 불편한 상황도 모르면서 이웃의 고통이나 동료의 마음을 헤아릴 수는 없는 노릇이다.

얼마 전의 일이다. 학원 앞에서 큰애를 기다리다 앞에 서 있던 두 엄마가 웃으면서 주고받는 말을 듣게 되었다.

"백화점에 가서 뭘 좀 사려는데 우리 아이가 글쎄 이러는 거야. 엄마! 엄마 죽으면 그 돈 다 내 거 되는데 왜 자꾸 돈을 써?"

"우리 애는 성적이 조금 떨어졌기에 학원비가 얼마나 비싼지 아냐고, 왜 공부를 하지 않느냐고 했더니 '엄마! 그럼 학원을 자기 돈 주고 다니는 애 봤어? 다 엄마가 대주는 거잖아! 그런 걸로 말하지 마!' 라고 하던데."

서로 웃으면서 나눌 대화는 결코 아니었다. 두 엄마가 자기 아이의 말을 유쾌한 농담으로 받아들이고 '그놈 참 똑똑하다!'는 생각을 했다면 지독한 오해를 하고 있는 것이다. 부모를 사랑하고, 부모의 은혜를 아는 아이라면 절대로 이런 말을 할 수 없다. 그 아이들의 마음에는 부모에 대한 존경심이 존재하지 않는다. 대신 '부모는 돈을 대주는 사람'이라는 인식이 머릿속에 뿌리 박혀 있다.

그런데 아이들이 이렇게 만든 사람은 다름 아닌 부모다. 부모가 자식에게 줘야 할 것은 돈이 아니라 올바른 인성이요, 올바른 정서다. 인간이 갖추어야 할 가장 기본적인 덕목조차 익히지 못한 사람이 어떻게 부모의 은혜를 알겠는가? 그런 아이가 과연 자신의 인생을 스스로 개척해 나갈 수 있을까?

내 아이만 잘되면 그만이라는 생각, 다른 아이들을 눌러야 내 아이가 돋보인다는 생각, 아이를 위해 자신의 행복쯤은 얼마든지 내버릴 수 있다는 생각은 하루빨리 휴지통에 던져버려야 한다. 아이의 정서에 독이 되는 위험한 생각들이기 때문이다.

그 대신 아이들에게 남의 입장에서 생각하고, 무언가를 바라고 남을 도와줘서는 안 된다는 것을 가르쳐야 한다. 남을 믿지 못하고, 남을 사랑하지 못하는 사람은 자기 자신도 온전히 믿지 못하고, 사랑하지 못한다. 성공을 하기 위해서는 실력이 있어야 하지만 성공한 이후 자기 자리를 지키는 데 필요한 것은 품성이다.

아이가 건강하고 올바른 품성을 갖길 바란다면 부모로서 가장 먼저 해야 할 일은 아이와 마음을 주고받는 것이다. 아이가 태어나서 최초로 경험하는 사회는 가정이며, 아이를 세상과 이어주는 통로는 바로 부모이다. 특히 엄마는 아이가 앞으로 만날 세상을 비추는 거울 같은 존재다.

가정에서 부모로부터 이해와 신뢰와 인정을 듬뿍 받고 자란 아이는 사회에 나가서도 환영받는다. 사람에 대해 좋은 감정을 가지고 있어서 스스럼없이 다가가 친해질 수 있기 때문이다. 결국 아이에게 전폭적인 신뢰를 보내고, 비난을 삼가는 대신 칭찬을 많이 하는 것이 부모와 아이 모두 행복해지는 지름길이다.

감성교육에도 적기는 있다

인간은 태어나자마자 생존을 위해 본능적으로 걷거나 뛰는 동물과는
달리 부모의 보살핌을 지속적으로 필요로 한다. 동물의 어미는 새끼
에게 안전한 보금자리와 먹이를 제공하는 일 외에는 어떠한 도움도
주지 않는다. 새끼가 크면 부모 자식이 남남으로 살아가는 경우도 흔
하다. 때로는 먹이를 사이에 두고 서로 적이 되기도 한다.

반면에 인간은 무려 1년 가까운 시간이 흘러야 스스로 걸을 수 있
다. 동물에 비해 매우 더디게 성장하는 것이다. 따라서 부모의 도움이
절대적으로 필요하다.

그 후에도 인간은 20년이 넘는 세월을 가정이라는 울타리 안에 머
무르며 경제적으로 자립할 때까지 부모로부터 여러 가지 도움을 받는
다. 어떤 사람들은 물질적인 지원은 물론 진학이나 취업, 결혼 문제마

저 전적으로 부모에게 의지하기도 한다. 심지어는 서른이 넘고, 마흔이 넘어도 부모로부터 독립하지 못하는 인간도 있다.

예전이나 지금이나 사람 사는 모습은 비슷할 것이다. 다만 달라진 것이 있다면 경제적으로 궁핍했던 시절에는 부모들이 자식들 굶기지 않으려고 열심히 일을 했다면 먹고사는 문제에서 벗어난 지금에 와서는 다른 무엇보다 자녀교육에 열을 올린다는 점일 것이다. 그것은 내 자식이 남들보다 더 높은 위치에 올라서서, 남들보다 더 많은 것을 누리기를 바라는 마음이 간절해서다. 실제로 자본주의 사회에서는 돈이 많으면 많을수록 보다 더 우아하게, 보다 더 편안하게 살 수 있다.

우리 사회가 학벌 중심의 사회로 변한 것도 그 때문이다. 일류 대학, 일류 학과를 나와야 성공할 수 있고, 남부럽지 않게 잘살 수 있다는 생각은 오래전에 이미 상식처럼 되어버렸다. 요즘 부모들을 보면 '우리 아이는 반드시 명문대학에 보내고야 말겠다!' 는 비장한 결의를 가슴에 품고 있는 것처럼 보인다. 아니, 그렇게 살고 있다. 공부만 열심히 하면 충분히 일류 대학에 들어갈 수 있다는 믿음이 확고하기 때문이다.

서울대 교육학과 문용린 교수의 말에 따르면 '공부도 소질' 인데 우리나라의 많은 부모들이 '공부는 하면 된다.' 는 착각을 하고 있다고 한다.

하지만 일류 대학, 일류 학과에 들어간다는 것은 말처럼 쉬운 일이 아니다. 음식이야 많으면 많은 대로, 적으면 적은 대로 이웃과 나눠 먹을 수 있지만 대학은 다르다. 남이 먼저 들어가면 그만큼 내가 들어갈 자리가 없어진다. 다시 말해 정원은 정해져 있는데 들어가고 싶어 하는 학생들은 많으니 경쟁이 치열해질 수밖에 없는 것이다. 따라서 어지간히 공부를 잘해서는 원서조차 들이밀기 힘들다.

우리 사회가 갈수록 각박해지고 있는 것도 바로 이런 이유 때문일 것이다. 실제로 가까운 이웃 나라 일본과 비교했을 때 우리나라의 고소 고발 건수는 일본보다 25배나 많고, 인구 1만 명당 대비 66.8배가 많다고 한다(2007년 기준). 이는 우리의 정서상태가 지극히 불안정하다는 것을, 대화보다는 싸움으로 문제를 해결하고자 하는 경향이 매우 높다는 것을 잘 보여주는 사례다. 현실적으로 우리 아이들에게 정서교육, 감성교육을 시키는 것이 결코 쉽지만은 않다는 뜻이다.

여기서 다시 공부 얘기를 해보자. 공부는 재미를 느껴야 잘할 수 있다. 억지로 하면 어느 정도의 성적은 올릴 수 있지만 계속 그 수준에 머무르는 경우가 많다. 더 치고 올라가지 못하는 이유는 당연히 공부에 흥미와 재미를 느끼지 못해서다. 따라서 아이에게 공부를 강요하기보다는 스스로 즐기면서 주도적으로 학습할 수 있는 분위기와 환경을 만들어주고, 이끌어주는 것이 훨씬 더 효과적인 방법이다. 이는 정서교육, 감성교육을 통해 정서가 안정되고 감성이 발달했을 때 가능하다.

그렇다면 감성교육에도 적기가 있을까? 있다면 언제일까?

교육학자들의 연구 결과에 따르면 감성교육을 시작하기에 가장 좋은 시기는 생후 24개월이 되었을 때라고 한다.

오른쪽에 자리한 뇌 사진을 보면 알 수 있듯이 인간은 24개월부터 학습이 가능하다.

엄마들은 아이가 24개월이 되면서 제법 말을 하기 시작하고, 어깨와 배 등의 작은 근육이 발달하면서 색연필을 쥐고 뭔가를 그리면 '우리 아이도 이제 교육을 시킬 때가 됐다!' 는 생각을 하고 방법을 찾곤 한다. 이제 27개월 된 아이가 글자를 읽는 TV 광고를 보면 자극을 받아 '우리 아이도 저렇게 키워야겠다!' 는 의

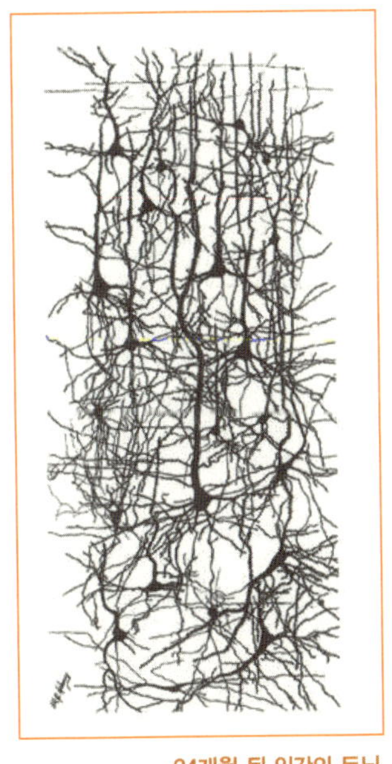

24개월 된 인간의 두뇌

지를 불태우기도 한다. 그러나 이 시기의 학습이란 다름 아닌 '사람'
에 의한 학습이어야 한다.

예를 들어 아이로 하여금 기분이 좋아지는 표정(웃음 등), 스킨십, 목
소리 등을 통해 '사람이 내게 다가오면 참으로 행복하다.'는 감정을
느끼게 하는 것이 무엇보다 중요하다. 반면에 아이가 어떤 신호를 보
내도 엄마가 무표정한 얼굴로 아무런 반응을 보이지 않는다거나 또는
정확하지 않거나 느리게 반응하면 아이는 사람이 다가오는 것을 그다
지 좋아하지 않게 된다. 이런 일이 되풀이되어 '사람이 다가와도 피곤
하기만 하지 별 재미없다.'는 인식이 굳어지면 표피적이고 일관성 없
는 인간관계가 형성된다.

동물과 구분되는 사람의 능력은 크게 세 가지로 꼽을 수 있다. 첫 번
째는 사고할 수 있는 능력(사고력)이고, 두 번째는 새로운 것을 만들어
내는 능력(창조력)이며, 세 번째는 스스로 마음을 조절할 수 있는 능력
(정서능력)이다. 이 중에서 24개월부터 5세까지 유아기에 반드시 습득
해야 하는 것이 바로 정서능력이다.

정서능력은 창의력과 사고력, 집중력, 논리력 등 인생을 가치 있게
살아가는 데 필요한 다양한 능력의 모태라고 할 수 있다. 적절한 비유일
지는 몰라도 모기업이 튼튼해야 계열사들이 발전할 수 있는 것처럼 뿌

리인 정서가 튼튼하면 가지인 창의력 등도 자연스럽게 발달하게 된다.

또한 정서능력은 인간만이 지니고 있는 아름다운 성정이라고 할 수 있다. 이를 흔히 '인간성'이라고 말하는데, 인간성이 좋아야 사회생활도 원만하게 할 수 있고, 남에게 사랑을 받으며 행복하게 살 수 있다.

정리해 보면 인간이 자아自我를 인식하기 시작하는 것은 생후 24개월 전후이다. 즉 이때야말로 비로소 '인간'이 되는 시기라고 할 수 있다. 24월에 이른 아이는 자신에 대해, 나 아닌 다른 사람에 대해 눈을 뜬다. 먹고 자는 것만으로는 뭔가 부족함을 느끼는 시기, 부모의 사랑을 필요로 하는 시기이다. 그 전까지는 본능에 충실한 시기, 조금 심하게 말하면 동물과 유사한 시기라고 할 수 있다.

다시 말해 자아를 갖춘 인간, 인성을 갖춘 인간으로 성장할 수 있느냐의 여부가 결정되는 중요한 시기가 바로 이때라고 할 수 있다. 처음 세상을 인지하는 이때 어떤 교육을 받느냐, 즉 어떤 환경에서 자라느냐가 아이의 평생을 좌우하게 된다. 따라서 이 시기에는 한글이나 영어 같은 언어보다는 '사람과 관련된 학습'을 시키는 것이 제대로 방향 잡힌 지름길 교육이라고 할 수 있다.

5세까지 정서교육에 집중하라

위에서 언급했듯이 24개월이 되면서 서서히 자아에 대한 인식이 시작되고, 4세에는 자신을 표현할 수 있는 능력이 생기는데, 그에 따른 걱정도 생겨나고, 동시에 걱정을 관리하는 능력도 미약하게나마 자리잡는다. 생명을 유지하기 위해 젖 달라고 울어대던 아이가 세상을 인식하고, 그 안에서 살아가기 위해 나름대로 고민을 하는 것이다.

내가 이런 말을 들려주면 대부분의 부모들이 깜짝 놀란다. 자신들도 물론 이와 같은 과정을 거쳐 지금에 이르렀지만 너무 오래전의 일이라 잊어버린 것이다.

어쨌든 부모는 아이의 행동을 유심히 지켜보고, 아이가 지금 어떤 생각을 하고 있는지, 어떤 감정을 갖고 있는지 이해하려고 노력해야 한다. 아이들과 함께 걱정하고 고민할 때 아이도 건전한 자아상을 갖게 된다는 사실을 잊지 말아야 할 것이다.

　5세는 유아기에 있어, 아니 전 연령대에 있어 가장 중요한 시기라고 할 수 있다. 대상(대인, 대물)과의 커뮤니케이션(소통)이 이루어지고, 그것을 통해 자신을 표현하는 능력이 더욱 강해지는 시기, 자신감과 책임, 배려와 같은 가치개념이 형성되고, 대상에 대한 근본적인 의문(예를 들어 '이건 뭐지?' '이건 왜 이렇게 생겼지?' 등등)과 호기심이 일어나 인지가 활짝 열리는 시기, 즉 사회생활을 훌륭히 잘해 나갈 수 있는 인간으로서의 토대가 이루어지는 시기이기 때문이다. 한마디로 통합적으로 사고할 수 있는 능력과 타인과의 관계가 형성되기 시작하는 시기라고 할 수 있다.

　최근 들이 유아교육에 있어 EQ Emotional Quotient; 감성지수와 함께 그 중요성을 인정받고 있는 것이 있다. 바로 NQ Network Quotient; 공존지수다.

　먼저 EQ는 IQ Intelligence Quotient; 지능지수에 대비되는 개념으로 자신과 다른 사람의 감정을 이해하고, 감정을 적절히 조절해 원만한 인간관계를 형성할 수 있는 '마음의 지능지수'를 뜻한다. EQ는 미국의 행동심리학자 대니얼 골맨이 『감성지능Emotional Intelligence』이란 책에서 처음 제시한 개념으로 「타임」지가 특집으로 소개하면서 널리 알려졌다.

골맨은 "IQ가 높은 사람보다 감성적인 능력이 뛰어난 사람이 성공할 가능성이 크다."며 EQ를 키워야 한다고 주장했다. 미국의 교육학자들도 친구들과 잘 어울리지 못하는 아이가 학교를 그만둘 확률이 그렇지 않은 아이보다 8배나 높다는 사실에 근거, 유아기부터 EQ를 키우는 감정교육을 시켜야 한다고 주장한다.

한편 NQ는 '남과 어울려 함께 잘 살아갈 수 있는 능력'을 뜻한다. NQ가 높을수록 주변 사람들과 좋은 관계를 맺기 쉽고, 이를 바탕으로 더 큰 성공을 이룰 수 있다. 따라서 공존의 능력이 나타나는 5세부터 NQ를 높이는 교육을 시키는 것이 좋다. 이 시기를 어떻게 보내느냐에 따라 폭넓은 사고력, 타인공감능력, 소통능력 등 사회가 요구하는 리더로서의 자질을 갖출 수 있느냐 없느냐가 결정되는 것이다.

정리해 보면 엄마 뱃속부터 24개월까지는 엄마(양육자)와의 애착이 형성되는 시기이고, 24개월부터 4세까지는 자아가 형성되고 확립되는 시기이며, 5세는 타인에 대한 인식과 공감, 그리고 인지의 확장이 이루어지는 시기라고 할 수 있다.

아이를 올바르게 키우는 가장 좋은 방법은 부모가 각 시기에 맞춰 적절한 교육을 시키는 것이다. 하지만 시기에 맞춰 적절한 교육을 시키지 못했다고 해도 실망에 빠지거나 포기할 필요는 없다. 인간은 사물처럼 고정된 존재가 아니어서 무엇이 잘못되었는지 깨닫기만 한다면 언제든지 그 부분을 고칠 수 있기 때문이다. 그러나 적절한 시기를 놓치면 그 몇 배의 노력을 들여야 한다는 사실도 알아야 한다.

엄마가 원칙을 정해 꾸준히 모범을 보이고, 아이에게 믿음을 갖도록 한다면 결코 육아에 실패하는 일은 없을 것이다. 이제부터라도 스스로를 믿자. 그리고 내 아이를 믿자. 아이에 대한 엄마의 믿음과 자부심은 아이에게 고스란히 전달되어 긍정적인 영향을 미치게 된다. 물론 그러기 위해선 엄마 스스로가 자신을 믿을 수 있도록 훈련해야 한다.

PART 2

효과 쑥쑥
연령별 정서교육

생후 24개월, 사회 적응력 키우기

사람에 의한 학습의 시작, 24개월의 의미

앞에서 말했듯이 생후 24개월이 되면 비로소 인간이 된다. 이는 본능적인 삶에서 빠져나와 '인간관계'를 필요로 하는 사람이 되었다는 뜻이다. 인간관계가 이루어지는 장소는 바로 사회인데, 아이가 처음 만나는 사회는 가정이므로 24개월 된 아이에게는 가족 구성원의 역할이 매우 중요하다.

이 시기의 아이는 처음으로 나 아닌 다른 사람에 대해 자각하게 된다. 아이는 손에 쥐어주는 장난감보다 장난감을 주는 사람을 더 유심히 쳐다본다. 그 어느 때보다 사람에 대한 비중이 높은 시기인 것이다. 그중에서도 특히 아이는 양육자에게 많은 영향을 받는다. 따라서 이때 엄마가 아이를 어떻게 대하느냐에 따라 사람에 대한 아이의 느낌도 달라진다.

아이는 이 느낌을 평생 간직하는데 이를 '각인'이라고 한다. 태어나 일정 기간 동안 습득한 행동이 평생 이어진다는 각인효과는 원래는 생물학자들이 사용하던 개념이지만 지금은 심리학을 비롯해 교육학 전반에 이르기까지 널리 통용되고 있다. 특히 비교행동학(동물심리학)의 창시자인 로렌츠의 실험은 노벨상을 탔을 정도로 유명하다. 그는 실험을 통해 오리가 태어나서 처음 만난 존재를 엄마로 생각한다는 사실을 증명했다. 로렌츠가 각 태어난 오리에게 먹이를 주자 새끼 오리들은 노란 장화를 신은 그를 엄마로 착각하고 졸졸 따라다녔던 것이다.

사람도 마찬가지로 유아시기의 특별한 경험은 오래도록 마음속에 남는다. 이 시기의 아이는 자신이 좋아하는 것에 유난히 많은 관심을 보이고, 이를 기억하려는 특징을 보인다. 꽃 그림만 보면 좋아하는 아이, 공룡에 관심이 많은 아이, 분홍색에 집착하는 아이, 인형을 손에서 놓지 않는 아이 등이 그 좋은 예다.

엄마와 함께 노래를 불렀던 경험이 아이에게 유쾌한 기억으로 남아 있는 경우, 하기 싫은 공부나 외우기 싫은 단어를 엄마와 함께 노래로 만들어 부르면 공부를 한다는 생각을 하지 않고 자연스럽게 배우게 된다. 산에 올랐던 경험이 좋은 기억으로 남아 있는 아이에게는 세계적으로 유명한 산들을 가르쳐준 후에 지도에서 찾아보도록 한다면 아이는 유쾌하게 지리 공부를 할 수 있다. 이때 산 이름이 뜻하는 것이 무엇인지 알려준다면 외국어 공부까지 겸할 수 있을 것이다.

반면에 어떤 상황이나 사물에 대한 경험이 불유쾌한 기억으로 남아 있는 경우 오래도록 그것을 피하게 된다. 살인이나 강도 등을 저지른 흉악범들은 대부분 유년기에 좋지 않은 경험을 많이 한 것으로 알려져 있다. 양육자에게 사랑과 관심 대신 학대를 당한 사람이 대부분이었던 것이다.

그런데 육체적인 학대와 정신적인 학대 중에서 훨씬 더 나쁜 것은 정신적인 학대다. 아이들에게 무관심하거나 모멸감을 안겨주는 행동이 이에 해당한다. 양육자가 여러 가지 이유, 예를 들어 배우자와의 갈등으로 정신적으로 불안한 상태라거나 직장에서 쫓겨나 살기 막막하다는 이유로 제멋대로 아이를 대하거나 변덕을 부려대면 아이는 자존감을 잃어버리게 된다. 결국 이러한 부모 밑에서 자란 아이는 오래도록 사람에 대해 부정적인 느낌을 버리지 못한다. 양육자로부터 사람을 사랑하는 법을 배우지 못했기 때문에 어느 누구와도 제대로 된 인간관계

를 맺지 못하고 혼자 외롭게 살아간다. 이런 경우 사람을 애정의 대상
이 아니라 자신의 욕구를 실현하기 수단으로 보고 활용할 확률이 높다.

엄마에게서 못 떨어지는 아이

내가 맡아서 돌보던 아동 중에 '마마보이'라는 별명을 가진 아이가
있었다. 아이의 엄마는 좀처럼 자신과 떨어지지 않으려는 아이로 인
해 몹시 힘들어 했다. 다른 아이들과 놀다가도 수시로 엄마가 있는지
없는지 살펴보고, 아이가 노는 동안 잠시 시장에라도 다녀오려고 나
서면 떼를 쓰면서 끝끝내 따라붙는다고 했다.

"다른 엄마들은 자기 아이를 남의 집에 맡겨두고 편하게 볼일 보며
지내는데 저만 꼼짝 못 하는 것 같아요. 저도 피곤하지만 아이가 독립
심을 키우지 못할까 봐 그게 더 걱정이에요."

이렇게 말하는 아이 엄마의 표정은 매우 어두웠다. 아이 키우는 일
에 지쳐 자신의 행복은 아예 생각조차 하지 않는 사람 같았다. 아이에
게 짜증을 부리기 일쑤였고, 말하는 투도 사정하는 식으로 굳어져 있
었다. 표정으로 아이에게 '나 좀 그냥 내버려두라'는 신호를 보내는
것이다. 하지만 24개월 된 아이에게는 엄마가 보내는 신호를 읽을 능

력이 없다.

"먼저 아이가 엄마에게 집착하는 것은 아주 당연한 일이라는 사실을 알아야 할 것 같아요. 아기가 칭얼댈 때 짜증을 내면 아이는 더 엇나가기 마련입니다. 그리고 혹시 평소와는 다르게 아이가 보챌 때 아이의 눈을 바라보며 부드러운 목소리로 '엄마가 다녀와서 뭐뭐 해줄게.' 하는 식으로 말한 적 없나요? 늘 어두운 표정의 엄마만 보던 아이는 엄마의 그 부드러운 눈빛과 목소리를 보고 듣기 위해 엄마에게 더 매달리는 것일 수도 있어요."

24개월이 지난 아이가 엄마와 떨어지지 못하는 이유는 여러 가지가 있겠지만 위의 경우에는 엄마의 일관성 없는 태도가 문제다. 표정이 늘 어두운 엄마가 가끔씩 자신의 눈을 바라보며 부드러운 목소리로 "엄마 잠깐 나갔다 올게. 기다릴 수 있지?" 하고 말하면 아이는 그 순간에 얽메이게 된다. 즉 아이는 엄마가 한 말의 내용이 아니라 엄마의 부드러움을 느끼기 위해 더 엄마에게 집착하는 것이다.

따라서 엄마가 항상 아이의 눈을 보며 부드럽게 말한다면 아이는 정서적으로 안정을 찾을 수 있고, 정서적으로 안정이 되면 또래 아이들과도 잘 어울릴 수 있다. 그러면 더 이상 엄마와 떨어지는 일을 싫어하지 않을 것이고, 엄마는 아이의 집착으로부터 벗어날 수 있게 된다. 말하자면 악순환의 고리가 끊어지고, 선순환의 고리가 이어지는 것이다. 이렇듯 아이가 왜 엄마에게 매달리는지 그 원인을 알면 문제를 해결할 수 있다. '우리 아이는 원래 그래.' 라는 생각만큼 위험한 것은 없다.

영아는 엄마와의 관계를 통해 애착을 익힌다. '애착' 이란 발달심리학자인 바울비가 1969년에 도입한 개념으로 '영아가 자신을 돌보는 양육자와 정서적으로 강한 유대관계를 맺는 것' 을 말한다.

태어나서 누군가에게 자신의 몸을 완전히 맡겨야 하는 24개월까지 아이가 우유를 달라고 할 때 엄마(양육자)가 우유를 주고, 기저귀를 갈아 달라고 할 때 갈아주고, 웃어주고, 보듬어주면 '사람이 내게 다가오면 참으로 행복하다.' 고 느끼는, 깊은 애착이 형성된다.

반면에 아이는 우유를 달라고 우는데 기저귀를 갈아주고, 기저귀를 갈아달라고 우는데 우유를 주고, 자기가 원하는 대로 해주었는데 계속 운다며 소리 지르고, 안아주지도 않는다면 '사람이 내게 다가오면 참 피곤하다.' 고 느끼는, 표피적이고 일관성 없는 애착이 형성된다.

아기들은 공통적으로 엄마를 좋아한다. 본능적으로 엄마와 함께 있으면 안전할 거라고 인식하기 때문이다. 다만 엄마를 지나치게 좋아하다 보면 다른 사람을 받아들이려 하지 않고, 낯을 가릴 수 있다.

이런 낯가림은 일정한 시기가 지나면 자연스럽게 사라진다. 엄마와의 애착관계가 다른 사람에게로 옮겨가기 때문이다. 즉 '엄마는 안전한 사람이고, 엄마와 친한 사람도 안전한 사람이고, 내게 잘해 주는 모든 사람은 안전한 사람이다.' 는 식으로 믿음이 점차 확대되는 것이다. 따라서 남을 좋아하는 아동은 엄마와의 안정된 애착을 바탕으로 애착관계를 성공적으로 발전시킨 아동이라고 할 수 있다. 물론 늦게까지 낯가림을 하는 아이도 있는데, 그것은 아이가 남보다 조금 더 소심하고 예민한 탓이다.

무서운 꿈을 꾸거나 헛것을 보는 것처럼 불안에 떨 수밖에 없는 특별한 경험을 하는 경우도 있다. 이때 부모 입장에서는 당연히 아이가 왜 불안해하는지, 그 이유를 빨리 파악하고 싶을 것이다. 하지만 24개월 된 아이가 자신의 문제를 언어로 표현한다는 것은 매우 어려운 일이다. 그러므로 부모는 아이가 도대체 어떤 경험을 했는지 자세히 알 수 없다.

다음은 애착 유형에 따른 아이들의 행동 특성을 구분해 놓은 표이다. 바울비의 이론을 보다 정교하게 발전시킨 에인스워스는 낯선 상황에서 이루어지는 유아와 애착 인물과의 상호작용, 유아의 탐색행동(눈에 보이는 모든 것들을 만져보고 확인하는 행동) 등을 관찰하여 안정된 애착, 불안정—회피 경향의 애착, 불안정—저항 애착의 세 가지 유형

유형	행동 특성
애착 안정형	애착 형성이 잘 되어 있는 아이. 불안한 감정을 엄마에게 표출하고, 울다가 놀고, 놀다가 울기를 되풀이한다. 엄마와 함께 있을 때 금방 장난감에 애착되어 잘 논다. 엄마가 돌아오면 반갑게 맞이하고, 자기보다 어린 아이가 당황해하더라도 금방 달랠 수 있다. 낯선 사람보다는 분명히 엄마를 더 좋아한다.
애착 불안정-회피형	불안한 감정을 표현하지 않는 아이. 방 안을 이리저리 둘러보며 잘 놀지 못하고, 엄마와 떨어졌을 때 별로 고통스러워하지 않는다. 엄마가 돌아오면 가까이 다가가려 하지 않고, 엄마가 다가오려고 애쓰면 물리치지는 않지만 안겨 있어도 달라붙지 않는다. 낯선 사람이나 엄마를 동등하게 대한다.
애착 불안정-저항형	하루 종일 울기만 하는 아이. 엄마가 아무리 어르고 달래도 계속 운다. 엄마와 떨어지기 전에는 엄마 곁에 있으려 하고, 엄마와 떨어지면 매우 당황한다. 그러나 엄마가 다시 돌아왔을 때 불안정-회피형과는 달리 엄마 옆에 머무르기는 하지만 엄마에게 화를 내고 엄마를 내치려 한다. 그리고 쉽게 달래지지 않는다. 낯선 사람이 다가오는 것도 싫어하고 위로를 해도 받아들이지 않는다.
애착 불안정-혼돈형	회피형과 공격형을 동시에 보이는 아이. 어느 날은 하루 종일 잘 놀다가도 또 어떤 날은 하루 종일 울기만 한다. 엄마가 돌아오면 엄마에게 다가가 안기기도 했다가 화난 듯이 노려보기도 한다. 부모의 성격 차이가 심한 가정, 예를 들어 엄마는 지나치게 다정다감하고, 아빠는 지나치게 엄한 가정의 아이가 주로 이와 같은 특징을 보인다.

으로 분류했다. 그리고 최근 들어 메인과 솔로몬이 에인스워스의 실험에서 어디에도 속하지 않았던 200명의 영아를 분석, 불안정-혼돈 애착으로 분류했다. 즉 애착의 유형을 4가지로 구분한 것이다. 이 4가지 유형을 살펴보면 아이들이 어떤 행동을 할 때 왜 그렇게 행동하는지 조금은 이해할 수 있을 것이다.

엄마들은 대부분 아이를 떼어놓고 외출하려는 경우 아이가 붙잡고 울면 '아이가 왜 이렇게 엄마에게서 못 떨어지는지 모르겠다.' 는 걱정을 한다. 그러나 아이가 이런 행동을 하는 것은 불안한 감정을 엄마에게 몸으로 표현하는 것이다. 엄마가 밖에 나가면 다른 사람과 잘 지내고, 울면서 엄마를 찾다가 놀다가 찾다가 놀기를 되풀이한다면 그 아이가 바로 애착형성이 안정적으로 되어 있는 아이라고 할 수 있다. 반면에 엄마가 있든 없든 잘 노는 아이가 오히려 애착이 불안정하게 형성된 아이, 즉 애착 불안정 회피형 아이라는 것이다.

나는 교육기관을 운영하면서 많은 엄마들을 만났고, 비슷한 경우를 많이 봐왔다. 엄마들이 처음 나를 찾아와서 상담을 할 때 주로 하는 말이 "우리 애는 저한테서 못 떨어져요." 또는 "우리 아이는 엄마가 없어도 너무 잘 놀아요." 이다. 나는 그 말만 듣고도 아이와 엄마와의 애착이 어떻게 형성되어 있는지 가늠할 수 있다.

나는 원칙적으로 처음부터 엄마가 교육기관으로 아이를 데려오지 못하도록 하는 규정을 정해 그대로 시행하고 있다. 물론 그전에 아이에게 며칠 동안 교육기관과 교사에게 적응할 시간을 준다.

아이가 엄마 없이 혼자 올 때 우는 것도, 교육기관에서 교사와 함께 울다가 웃다가 울다가 웃기를 되풀이하는 것도 당연한 일이다. 다시 말해 엄마와 떨어져야 하는 상황에서 엄마를 붙잡고 울며 매달리는 아이는 오히려 엄마와의 애착이 안정적으로 잘 형성되어 있는 아이로 보고 긍정적으로 받아들여야 한다는 것이다.

한편 애착 불안정—저항형의 경우 엄마와 떨어지는 순간부터 다시 엄마를 만나는 순간까지 끊임없이 울어대는 아이를 대표적인 예로 들 수 있다. 울고불고 떼쓰면 엄마가 자신의 요구를 들어준다는 사실을 몸으로 알고 있거나 어떤 상황에서도 자신의 요구가 받아들여지지 않는 아이들이 이런 형태의 행동을 보인다. 처음에는 조금만 울어도 엄마가 자신의 요구를 들어주었는데 그다음에 똑같은 상황이 벌어졌을 때 안 들어준다면 아이는 더 크게 울기 마련이다. 또한 어떤 상황에서도 엄마가 아이의 요구를 모른 척하고 받아들이지 않는 경우 아이는 우는 것 외에는 내면의 부정적인 감정을 표출할 수 있는 방법을 알지 못하기 때문에 계속 울게 된다.

그런데 가장 심각한 것은 애착 불안정-혼돈형 아이들이다. 엄마와 떨어져야 하는 상황이 닥쳤을 때 어느 날은 울고, 또 어느 날은 아무렇지도 않게 행동하는 아이들이 이 유형에 속한다. 이런 아이들은 부정적인 감정이 일어났을 때 도대체 어떻게 표출해야 할지 알 수 없어 혼란스러워한다. 즉 울어야 할지, 주어진 상황을 얌전히 받아들여야 할지 몰라 같은 상황에서 전혀 다른 행동을 보이는 것이다.

아이에게 문제가 있다는 생각이 들면 24개월 전에 어떻게 아이를 키웠는지 한번 뒤돌아보자. 아이가 그동안 어떤 상황에서 어떤 반응을 보였고, 또 보이고 있는지 주의 깊게 살펴본 후에 앞으로 아이를 어떤 식으로 대해야 좋을지, 아이와 어떤 대화를 나누어야 좋을지 그 방법을 신중히 생각해서 선택해야 한다.

아이는 자신에게 일어난 일을 마치 사진 찍듯이 한 장면, 한 장면 머릿속에 담아둔다. 다만 의식 밖으로 꺼내지 못할 뿐이다.

우리들이 흔히 말하는 기억은 '의식의 창고에 쌓여 있는 기억'으로 영화 필름을 되돌려 보듯 되새길 수 있으며, 말로 설명할 수도 있다.

누군가가 친구와 함께 커피를 마시며 지난날을 이야기한다면 그는 의식의 영역에 남아 있는 기억을 말하고 있는 것이다.

한편 의식의 창고에 들어가지 못한 기억은 무의식의 창고에 쌓이게 된다. 단적인 예로 지나치게 충격적이어서 잊어버리고 싶은 기억이 여기에 해당한다. 프로이트에 따르면 이런 기억들은 무의식 속에 숨어 있다가 말실수나 꿈을 통해 조금씩 밖으로 표출된다고 한다.

다시 말하지만 애착형성이 잘 되어 있음에도 불구하고 특히 어느 일정한 시기에 아이가 엄마에게 집착하는 데에는 그럴 만한 이유가 있다. 그러니 아이를 원망해서는 안 된다. 아이를 잘못 키웠다고 스스로를 탓할 필요도 없다.

엄마가 아이 때문에 힘들어 하는 모습을 보이면 아이는 자기도 모르게 죄책감을 갖게 되고, 부정적인 시각으로 세상을 바라보게 된다. 엄마와 떨어지는 것이 두려운 일이 아님은, 불행하게도 어떤 위대한 교육자라 해도 말로는 설명해 줄 수 없다. 이럴 때는 엄마가 먼저 아이의 마음을 이해하려고 노력해야 한다. 엄마와 떨어지는 것이 두려운 일이 아님을 알려주기 위해서는 아이가 불안한 감정을 가질 수 있다는 것을 인정할 필요가 있다.

이런 경우에는 다음과 같이 말하는 것이 좋다.

"엄마가 없으면 불안하구나(또는 엄마가 없으면 무섭구나. 화가 나는구나. 속상하구나). 하지만 이렇게 울기만 하면 안 돼. 엄마 대신 선생님(또는 할머니나 이모 등 친척)이 너랑 놀아주신대."

먼저 아이의 감정을 있는 그대로 받아들인 후에 어떤 행동을 하라고 일러주고, 대안을 제시해 주어야 한다. 그러면 아이는 자신만 특별히 나약하거나 못나서 엄마에게 의지하는 게 아니라는 것, 또래의 아이들은 누구나 불안을 느낀다는 것을 스스로 알게 되고, 엄마가 곁에 없을 때에는 선생님이나 엄마의 부탁을 받은 어른이 자신을 보호해 줄 거라는 믿음을 갖게 된다.

4세, 긍정적인 자아 만들기

엄마도 성장해야 한다

"엄마가 원장이니 얼마나 좋을까. 하루 종일 아이랑 함께 있을 수 있고."

나를 찾아오는 사람들, 혹은 나를 만나는 사람들이 흔히 하는 말이다. 이처럼 나는 늘 사람들의 부러움을 받으며 일을 한다. 내가 확신을 갖고 당당하게 교육기관의 문을 연 이유도 나 역시 아이는 엄마가 돌보는 게 가장 좋다고 생각하는 사람이었기 때문이다. 하지만 막상 뚜껑을 열고 보니 현실은 내 생각과는 확연히 달랐다. 전혀 예상치 못했던 어려움이 나를 덮쳐왔다.

큰애는 몸은 약했지만 나이에 비해 똑똑한 편이었다. 사소한 일에도 호기심을 보이며 적극적으로 알려고 했다. 매일 끊임없이 무엇인

가를 물어왔고, 어떤 문제가 생기면 풀릴 때까지 매달리는 놀라운 집
중력을 보여주었다. 대견했다. 하지만 집안 살림에, 남편 뒷바라지에,
어린 둘째까지 돌봐야 하는 내가 큰애에게 많은 시간을 할애할 수는
없는 노릇이었다.

어떻게 해야 하나.

나는 고민 끝에 내가 큰애를 끌어안고 있는 것이 누구에게도 도움
이 되지 않는다는 결론을 얻었다. 그리고 곧바로 교육기관을 차렸다.
하지만 교육기관을 차리면 내 아이를 내가 직접 돌볼 수 있으니 아이
를 잘 키울 수 있을 거라는 생각은 환상에 지나지 않았다.

"엉엉, 엄마, 가지 마. 내 옆에 있어!"

아이는 엄마가 곁에 있어도 불안한 기색을 보였다. 자기 때문에 시
작한 일인데 새로운 환경에 적응하지 못하고 원에서 가장 울보가 되
어버렸다. 잠시도 엄마 곁을 떠나려 하지 않았고, 내가 어디를 가든 졸
졸 따라다녔다. 그러다가도 또 어떤 날은 "엄마, 나 혼자 할 수 있으니
까 저리 가!" 하고 소리치는 등 변덕을 부렸다.

나로서는 도저히 이해할 수 없는 행동이었다. 아이를 위해 뒤늦게
유아심리와 리더십 공부를 시작했는데 공부를 해도 문제가 무엇인지
알 수 없으니 답답한 일이었다. 조급해진 나는 여러 자문위원을 찾아

다니며 궁금한 점을 물었다. 그때 나에게 도움을 주시던 한 박사님이 내가 아이에 대한 걱정을 털어놓자 얼굴에 미소를 띠며 충고했다.

"아이는 잘 크고 있는데 엄마가 걱정이 많네."

"네?"

순간 나는 큰 충격을 받았다. 그 말은 곧 문제는 아이가 아니라 나에게 있다는 뜻 아닌가?

"아이가 자랄수록 엄마의 걱정도 늘어나고, 해야 할 일도 많아지지요. 그러니 마음을 느긋하게 먹으세요."

쉽게 말하면 엄마가 스스로 '걱정관리'를 해야 한다는 것이다. 지금은 그 말뜻을 충분히 잘 알고 있지만 그때는 눈앞이 캄캄해지는 것을 느꼈다.

'지금도 겨우겨우 해내고 있는데 지금보다 훨씬 더 많은 걱정거리가 나를 기다리고 있다니!'

당시의 나는 모르고 있었던 것이다. 자아형성기의 아동은 "안 갈래." "안 먹어." "안 입어." 하는 식의 부정적인 표현으로 자신이 성장하고 있음을 알린다는 것을. 다시 말해 안 하겠다, 안 먹겠다는 것은 내게도 무언가를 선택할 권리가 있으니 엄마가 시키는 대로 하지 않겠다, 간섭하지 말라는 아이의 '자아표현'이라는 뜻이다. 따라서 아이가 부정적인 표현을 할 때마다 "엄마, 나 잘 크고 있어요." 하는 말로 알아들으면 된다. 이 시기의 아이를 일컬어 '미운 네 살'이라고 하는 것도 바로 이런 이유에서다.

전화위복이라고 했던가. 내가 좀 더 체계적으로, 방향을 잡아 유아 리더십에 관한 공부를 할 수 있었던 것은 이처럼 아이가 정상적으로 커나가고 있는 줄도 모르고 어떻게 할 줄 몰라 한숨만 내쉬었던 경험이 있었기 때문이다. 그리고 수많은 시행착오를 겪은 후에야 비로소 아이가 크는 속도에 비례해 엄마도 성장해야 한다는 사실을 깨달았다. 그래야 '미운 네 살'을 인정할 수 있고, 미운 짓을 많이 하는 아이일수록 자아가 강한 아이, 사랑스러운 아이라는 것을 알 수 있다는 사실도.

엄마가 행복해야 아이도 행복하다

일반적으로 4세가 되면 자신을 표현할 수 있는 능력이 생기고, 상상력이 발달하게 된다. 그러므로 걱정거리가 많아지는 것은 아주 자연스러운 현상이다. 예를 들어 엄마와 떨어질 경우 아이가 떼를 쓰는 것도 그 후에 자신에게 벌어질 일들이 두렵기 때문이다. 즉 좋지 않은 상상을 통해 지레 겁을 집어먹는 것이다. 이 시기의 아이들이 특히 엄마와 떨어지는 것을 가장 싫어하는 이유가 바로 여기에 있다.

엄마들은 대부분 아이에게 무슨 일이 생기면, 예컨대 아이가 다치거나 병이 들기라도 하면 이를 모두 자기 탓으로 돌린다. 한마디로 아이를 돌보고 키울 의무와 책임이 모두 자신에게 있다고 생각하는 것이다. 당연히 육체적으로나 정신적으로 힘들고 고될 수밖에 없다.

사람들은 또 어떤가. 아이가 울면 아이만 들여다본다. 아이가 왜 우는지, 아파서 우는 건지 배가 고파서 우는 건지 그 이유를 찾아내려고 한다. 이렇듯 사람들의 관심은 아이에게만 집중되어 있다. 아이를 돌보는 엄마의 생각이나 마음에는 지극히 무관심하다. 당사자인 엄마도 마찬가지다. 아무리 힘이 들어도 엄마라면 다 겪는 일이라 여기고 적극적으로 자신의 마음을 들여다보려고 하지 않는다.

"남편은 아이 키우는 게 얼마나 힘든 일인지 몰라요. 알려고도 하지 않아요. 제가 지치면 아이에게 좋지 않은 영향을 미치게 된다는 것을 왜 모를까요? 왜 생각조차 하지 못하는 걸까요?"

나를 만나면 가끔 이렇게 하소연하는 엄마들이 있다. 이런 엄마들에게는 그래도 희망이 있다. 문제의식을 갖고 있으니까. 무엇이 문제인지 알아야 해결책도 나오는 법이다.

나는 이런 엄마들에게 대화를 통해 무엇 때문에 '화'가 나는지, 이를테면 남편이 도와주지 않아서 화가 나는 것인지, 아이가 힘들게 해서 화가 나는 것인지 알 수 있도록 코치한다. 전자의 경우 남편에게 솔직히 자신의 감정을 털어놓고 함께 해결책을 찾으면 된다. 하지만 후자의 경우 엄마가 조금이라도 편안하게 아이를 키울 수 있는 방법을 찾아야 하기 때문에 대화의 방향이 달라진다.

이처럼 엄마가 무엇을 걱정하는지, 왜 화가 나는지 그 대상과 이유를 분명히 알 수 있도록 대화를 이끌어나가다 보면 엄마 스스로 '어떻게 하면 좋겠다.'는 답을 찾는다. 나는 이때 뿌듯한 보람과 즐거움을 동시에 느낀다.

감기에 걸렸을 때는 곧바로 치료하는 것이 좋다. 증상이 가볍다고 대수롭지 않게 여기고 내버려두었다가는 독감으로 번질 수 있다. 그때는 병원을 들락거리며 몇 날 며칠을 고생해야 간신히 병을 떨쳐낼 수 있게 된다. 마찬가지로 아이를 키우면서 생기는 스트레스를 그때그때 털어내지 않고 쌓아두게 되면 마음의 병, 즉 우울증에 걸릴 수 있다. 우울증은 심하면 자살에까지 이르는 무서운 병이다. 따라서 아이를 돌보는 것만큼 자신의 마음도 돌봐야 한다. 이는 매우 중요한 일이다. 그런데 자신의 마음을 돌보기 위해서는 먼저 그 방법부터 알아야 한다.

"취미를 가지세요."

"자기 자신에게도 시간을 투자하세요."

등등은 누구나 할 수 있는 말이다. 그럼에도 불구하고 누구나 알고 있는 이 말을 실천하지 못하는 자신을 발견하면 더 큰 자괴감과 좌절감에 빠지기 쉽다. 따라서 '왜'와 '어떻게'로 자신에게 질문을 던지고, 현실적으로 실현 가능한 방법을 찾을 필요가 있다.

예를 들어 스스로에게 '왜 나는 취미를 가져야 하지? 취미를 갖는다면 어떻게 가져야 하지?' 하고 묻는 것이다. 확실한 이유도, 올바른 방법도 모른 채 남들이 한다고 무작정 따라 한다면 당연히 별다른 효과를 얻을 수 없다.

다음은 이유와 방법을 찾는 과정이다. 자신에게 아래의 3가지 질문을 차례로 던지며 답을 구해 보자.

첫째, 내가 진정으로 원하는 것은 무엇인가?
둘째, 그렇다면 지금 당장 내가 할 수 있는 것은 무엇인가?
셋째, 둘째를 실천하기 위해 나의 약한 의지를 도와줄 누군가가 필요한가? 그렇다면 그는 누구인가?

예를 들어 내가 진정으로 원하는 바는 '집에만 있지 않고 파트타임으로라도 일을 하는 것'이라고 하자. 이 일을 통해 '엄마로서의 나'만이 아닌 '살아 있는 나'를 느낄 수 있다는 판단이 서면 일을 할 수 있는 곳을 찾아 이력서를 넣고, 일하는 동안 아이를 맡아서 돌봐줄 기관(또는 사람)을 찾으라는 것이다(2번). 그런 다음 남편이나 가까운 친구에게 내가 계획한 일을 실천할 수 있도록 체크해 달라는 부탁을 해야 한다(3번). 이러한 과정을 거치면 무슨 일이든 충분히 잘해 낼 수 있을 것이다.

그런데 나는 특히 3번을 중요하게 생각한다. 1번과 2번의 과정을 거쳐 답을 찾았다 해도 실천하지 않으면 아무런 소용이 없기 때문이다. 그래서 나는 무슨 일을 하기로 마음먹으면 주변 사람들에게 내가 앞으로 무슨 일을 할 거라는 말을 하고 다닌다. 내 스스로 실천의지를 다지는 것이다.

실제로 사람들에게 말을 하면 할수록 의지가 단단해지는 것을 느낀다. 그리고 사람들로부터 예기치 않은 귀중한 도움을 받을 수도 있어 마음먹은 것을 현실화할 수 있는 확률이 높아진다. 자신이 원하는 일, 바라는 일을 하게 되면 자연히 행복한 삶을 살아갈 수 있다.

엄마는 아이를 위해서라도 무조건 행복해져야 한다. 엄마가 불행한데 아이가 행복을 느낄 수는 없다. 아이와 엄마가 행복하지 않은데 가정이 행복할 수는 없다. 결국 가정을 화목하게 만드는 키는 엄마가 쉬고 있는 셈이다.

대화로 아이의 자존감을 높인다

1. 자아를 건강하게 만드는 대화법

24개월부터는 자아가 형성되는 시기이다. 인간의 뿌리에 해당하는 '자아'는 내면의 모든 것, 즉 자존감, 자기정체성, 자신감, 도전의식, 자기통제력, 자기조절력 등이 긍정적으로 형성되어야 비로소 건강해진다.

3~4세 아이를 둔 엄마는 '과연 나는 내 아이의 자아를 튼튼하게 하기 위해 지금 어떤 노력을 하고 있는가?' 고민할 필요가 있다. 우리 아이는 당연히 자아가 잘 형성될 거라는 착각을 하고 있는 것은 아닌지, 아이가 초등학교에 들어가서 다른 아이에게 뒤처질까 봐 수학이나 영어 공부에만 신경 쓰고 있는 것은 아닌지 돌아보라는 말이다.

자아형성기에 첫발을 들여놓은 아이는 습관적으로 "안 해.", "안 가", "안 먹어.", "싫어." 등 부정적인 말들을 쏟아낸다. 이때 엄마가 어떻게 상대하고 대응하느냐에 따라 아이의 미래가 달라진다.

먼저 엄마가 아이의 감정을 받아들이지 않는 경우 아이는 자신의 감정이 엄마에게 무시당했다고 생각해 자존감이 낮은 아이가 된다. 엄마에게 말해 봤자 아무 소용없으니 말을 안 하게 되고, 자신감과 의욕을 잃어버려 무슨 일이든 하기 싫어한다. 하고 싶은 일이 없으니 도전할 것도 없고, 도전하지 않으니 갈등도 생기지 않고, 갈등이 생기지 않으니 문제를 해결하려고 노력할 필요도 없다. 따라서 이런 아이는 결국 자기조절력이나 자신감을 가질 기회조차 갖지 못하게 된다.

반대로 엄마가 이제 막 자아를 만나고, 말문이 트이기 시작한 아이라는 점을 충분히 인식하고 아이의 감정을 받아들이는 경우, 예를 들어 아이가 화를 내거나 속상해 할 때 "그래. 화가 많이 났구나. 속상하구나."라고 짧지만 분명한 말을 건넨다면 아이는 엄마로부터 이해받고 있는 느낌을 받게 되어 자존감이 높아진다. 자존감이 높아지니 엄마에게 무엇이든지 숨기지 않고 말하려 할 것이고, 자신의 감정을 표현하면서 자신감과 도전의식도 갖게 된다. 이런 과정에서 예상치 못한 문제들이 생길 수 있는데, 그때마다 아이의 마음을 읽어주고, 아이 스스로 어려움을 이겨낼 수 있도록 도와준다면 아이는 자기통제력과 조절력, 인내력 등도 아울러 갖게 된다.

또한 엄마가 아이의 감정을 받아들이지 못하는 경우 아이의 무의식 속에 '엄마(여자)란 참으로 날 피곤하게 하는 존재'라는 인식이 서서히 자리를 잡는 반면, 엄마가 아이의 감정을 잘 받아들이는 경우 '엄마(여자)란 항상 날 인정해주는 존재'라는 인식이 자리 잡힌다.

무서울 정도로 빠르게 변화하는 사회, 온갖 정보들이 혼란스럽게 뒤섞여 있는 사회, 영화 속에서나 나올 법한 일들이 현실로 벌어지는 사회에서 내 아이가 뿌리 깊은 나무처럼 흔들리지 않고 건강하고 행복하게 살기를 바란다면 무엇보다 먼저 정서가 튼튼한 아이로 키워야 할 것이다. 그 첫걸음이 바로 24개월, 아이의 자아를 건강하게 하는 것이고, 이때 필요한 것이 바로 감정공감 대화법이다.

2. 연령별 감정공감 대화법 : 3~4세

사회생활을 하다 보면 직장 동료나 상관 혹은 부하 직원과 미묘한 감정싸움을 벌일 때가 있다. 가족이라고 해서 크게 다르지 않다. 사소한 문제로 남편 또는 아이와 감정싸움을 벌일 경우가 있다. 그 이유는 자신의 감정만 소중히 여기고 상대방의 감정을 이해하려 하지 않을 뿐만 아니라 자신의 감정을 상대가 알 수 있도록 표현하는 방법을 모르기 때문이다.

서로가 서로의 감정을 존중해 주고, 이해하려고 노력하며 꾸준히 대화를 나눈다면 갈등은 자연스럽게 풀어진다. 이를 '감정공감' 대화법이라고 하는데 다음과 같은 3단계로 이루어져 있다

1단계 : 상대방의 감정을 공감하고 수용한다.
2단계 : 상대방의 행동을 제제하거나 또는 내 의견을 이야기한다.
3단계 : 대안을 제시한다.

이와 같은 감정공감 대화법은 아이에게도 적용할 수 있는데, 연령별로 그 방법을 조금씩 달리 해야 효과적이다.

3~4세의 대표적인 특징은 자기중심적이라는 것이다. 그 이유는 자아가 성숙되지 못한 탓도 있지만 타인에 대한 이해가 부족하기 때문이다. 따라서 엄마는 이 부분을 염두에 두고 대화를 이끌어갈 필요가 있다.

예를 들이 미트에 갔는데 아이가 아이스크림을 사달라고 떼를 쓴다고 하자. 이런 경우 1단계에서는 아이의 마음을 이해해 준다.

"아이스크림이 먹고 싶지? 속상하지?"

그리고 2단계에서는 엄마의 입장을 이해시킨다.

"하지만 지금은 먹을 수 없어. 이렇게 떼를 써서도 안 돼"

마지막으로 대안을 제시하는데, 이때 여러 가지 이유를 들어 "아이

스크림은 감기가 나은 후에 사주겠다.”고 하는 것은 대안이 되지 못한다. 3~4세의 아동은 시간의 차이, 장소의 차이를 인지하는 능력이 부족하다. 그러므로 올지도 안 올지도 모르는 미래를 두고 설득한다면 아이가 이해하기에는 내용이 너무 어려워 효과를 얻기 힘들다. 다시 말해 “우리 아이스크림 대신 우유 먹자. 우유도 맛있잖아.” 또는 “대신 엄마가 안고 집에 갈게.” 등 현실적으로 지금 당장 아이가 받아들일 수 있는 대안을 제시해야 한다.

감정공감 대화법의 키워드는 ‘짧고 현실적이어야 한다.’ 는 것이다. 가정법을 써가며 장황하게 설명하기보다는 당장 실행할 수 있는 대안을 제시하면 아이는 더 이상 떼를 쓰지 않고 마음을 돌릴 것이다.

3. 문제의 원인을 알아내는 대화법

아이와 대화를 나눌 때는 타이밍이 중요하다. 아이가 유치원에서 있었던 즐거운 일들을 상상하며 행복해하고 있는데 불필요한 질문을 던져 방해할 필요는 없다. 특히 “오늘은 밥 다 먹었니?” “엄마 안 보고 싶었어?” 등등의 상투적인 질문을 던지면 아이는 금방 시무룩해진다. 엄마의 물음에 대답해야 한다는 부담감이 작용하기 때문이다. 더군다나 이런 것들이 엄마는 궁금할지 몰라도 아이에겐 중요한 문제가 아니다.

나 역시 아이의 마음을 파악하지 못하고 아이가 뭔가 말하려고 할 때(둘째 아이는 말이 느렸다) 내가 먼저 질문들을 쏟아냈던 적이 있다. 고백하건대 그때는 일에 치여 아이의 말을 귀담아들어 줄 만한 정신적인 여유가 없었고, 몸이 약한 큰애를 더 챙기느라 건강한 둘째는 뒷전으로 밀어두었던 것 같다. 아이가 말을 하는 도중에도 다 듣기 귀찮아서 "응, 그랬구나." 하고 건성으로 맞장구를 쳤다. 이런 얄팍한 행동에 아이가 속아 넘어갈 거라고 생각했다니, 참으로 부끄러운 일이 아닐 수 없다.

언어능력을 타고난 아이라면 모를까 대체적으로 4세 아이는 생각이나 감정을 말로 표현하는 일에 서투르다. 따라서 엄마는 아이가 무슨 말을 하려는 것인지 정확히 이해하려고 노력해야 한다.

아이가 원에 가기 싫다고 떼를 쓸 경우, 여러 가지 상황을 따져볼 필요가 있다. 예를 들이 동생이 엄마의 사랑을 독차지한다고 생각해 동생을 미워하는 아이가 있다고 하자. 그 아이는 엄마가 자기는 원에 보내놓고 동생과 단둘이 지내고 싶어 한다는 오해를 할 수도 있다. 원에 가는 것 자체를 싫어하기보다는 엄마와 동생이 자기만 따돌린다고 여겨 서운한 마음에 떼를 쓰고, 엉엉 울기도 하는 것이다. 이는 평소에 아이의 말과 행동을 유심히 관찰했다면 어렵지 않게 알아낼 수 있는 일이다.

이보다 더 심각한 문제는 아이 자신조차 왜 원에 가지 싫은 건지 정확한 이유를 알지 못하는 것이다. 무의식 속에 감추어져 있는 나쁜 기억, 즉 친구에게 놀림을 받았다거나 선생님에게 꾸중을 들은 기억이 갑자기 되살아날 때도 아이는 원에 가기 싫어한다.

원에 가기 싫은 것이 아니라 가기 싫어하는 것처럼 행동하는 경우도 있다. 평소에 무뚝뚝하던 엄마가 유치원에 가지 않겠다는 아이의 말을 듣고는 갑자기 미소를 지으며 "유치원에 다녀오면 엄마가 맛있는 과자 사줄게."라고 관심을 보이면 아이는 엄마의 웃는 얼굴을 보기 위해, 엄마의 관심을 얻기 위해 유치원에 가지 않겠다는 말을 무기처럼 사용하기도 한다. 실제로 아이가 "유치원 안 갈래." 또는 "밥 안 먹을래."라고 말하면 대부분의 엄마는 아이의 요구를 들어준다.

그러므로 아이가 원에 가기 싫다고 떼를 쓸 경우에는 먼저 그 이유부터 찾아야 한다. 무조건 화를 내거나 강요해서는 아이의 마음을 돌릴 수 없다. 엄마가 소리를 내지르면 아이는 겁부터 먹고 자신의 마음을 절대 내보이려 하지 않는다. 이런 일이 되풀이되면 감정을 숨기는 아이, 사람을 두려워하는 아이로 자랄 우려가 있다.

이런 경우에도 3단계 감정공감 대화법은 아주 유용하다.

"유치원에 가기 싫구나(엄마랑 있고 싶구나)." (감정 수용)

"하지만 지금은 유치원에 갈 시간이야." (행동 제제)

"엄마가 어떻게 도와줄까? (엄마가 한 번 꼭 안아주고) 유치원차 탈까?" (대안 제시)

그런 다음 아이가 어떤 대답을 하든 상관하지 않고 유치원차에 태운다.

물론 감정공감 대화법으로 아이와 대화를 나눈다고 해서 아이의 태도가 금방 눈에 띄게 달라지는 것은 아니다. 기대와는 달리 아이는 여전히 울거나 떼를 쓸 수도 있다. 하지만 엄마가 같은 상황에서 일관성 있게 꾸준히 감정공감 대화법으로 아이와 대화를 나누고, 엄마가 원하는 행동을 하게 한다면 아이는 머지않아 분명히 엄마의 말을 따를 것이다.

긍정적인 지이 만들기

가끔 아이에게 휘둘려 쩔쩔매는 엄마들을 본다. 이는 아이에게 화를 내고, 고함을 지르는 것만큼이나 좋지 못한 행동이다. 엄마가 걱정스러운 표정으로 아이를 달래려고만 한다면 아이는 엄마를 자기 마음대로 할 수 있는 존재로 인식할 우려가 있다.

엄마가 양육자로서 위엄을 갖는 것은 결코 나쁜 일이 아니다. 거친

말과 행동은 아이를 두려움에 빠트리지만 부드러운 미소와 함께하는 위엄은 존경심을 갖게 한다. 즉 아이에게 긍정적인 영향을 미치는 것이다.

아이가 잘못했을 때는 당연히 무엇이 잘못인지 깨우쳐주어야 하지만 평상시에 아이를 대할 때는 미소를 잃지 말아야 한다. 물론 결코 쉬운 일이 아니라는 것은 나 또한 잘 알고 있다. 아이를 키우면 크고 작은 문제들이 끊이지 않고 일어나 엄마를 지치게 한다. 그럴 때는 잠시 휴식의 시간을 갖고, 아이를 대할 때만큼은 밝은 태도를 유지해야 한다. 따뜻한 말투로 아이와 즐겁게 대화를 나눌 수 있도록 노력해야 한다. 엄마가 행복한 표정을 짓고 있으면 아이는 자신도 모르게 스스로 행복하다고 느끼게 된다. 엄마가 김치를 맛있게 먹으면 아이는 자신도 모르게 김치가 맛있는 음식이라고 생각하게 된다.

4세는 퇴행과 성장이 반복되는 시기다. 한 발자국 뒤로 물러섰다고 생각하는 순간 아이는 두 발자국 앞으로 걸어 나가 있는 모습을 우리에게 보여준다. 어쩌면 한 발자국 뒤로 물러선 것은 한 걸음 앞으로 나가기 위한 준비인지도 모른다. 즉 부정적 퇴행이 아닌 긍정적 퇴행이라는 것이다. 따라서 아이가 한 발자국 뒤로 물러섰을 때는 위로와 격려의 메시지를 보내고, 두 발자국 앞으로 나갔을 때는 아낌없이 칭찬해 주어야 한다.

하지만 뒤로 물러서서 멈춰버리게 만들면 안 된다. 아이의 퇴행은 아이 스스로에게도 엄마와의 관계에서도 갈등의 원인이 된다. 그 순간을 감정공감 대화법으로 잘 넘기면 아이는 한 단계 더 성장할 것이다.

퇴행을 퇴행 자체로 인식하고 거부감을 보이며 막으려는 엄마, 그냥 내버려둬서 퇴행 상태로 멈춰버리게 만드는 엄마가 되어서는 곤란하다. 퇴행을 긍정적으로 받아들이고 그로 인해 갈등을 감정공감 대화법으로 풀어버리고, 아이 스스로 대안을 찾도록 하는 엄마가 되어야 한다. 이런 엄마 밑에서 자란 아이는 분명 이 시대의 '리더'로 우뚝 설 것이다.

3~4세 자녀를 둔 엄마의 역할은 크고, 할 일은 많다. 아이의 감정을 읽어주어야 할 뿐만 아니라 집안 살림을 꾸려 나가야 하고, 자신의 내면까지 다스려야 하기 때문이다. 따라서 귀찮고, 힘들 때도 많을 것이다. 하지만 그렇다고 해서 이때 엄마의 역할을 게을리 한다면 나중에는 몇 배의 노력을 더 기울여야 한다. '아이는 부모의 등을 보며 자란다.'는 말처럼 유아는 자신이 보고 들은 양육자의 말과 태도, 음성, 억양 등을 자아 속에 내면화한다는 사실을 잊어서는 안 된다. 긍정적인 부모 밑에서 자란 아이일수록 긍정적인 자아를 갖게 될 확률도 높다.

5세, 나와 타인의 감정을 읽는 능력 키우기

엄마의 역할이 중요하다

5세 아동을 교육시키는 데 있어서 가장 중점을 두어야 할 부분은 무엇이냐는 질문을 받을 때마다 나는 다음의 두 가지를 이야기한다. 첫째는 자신감 키우기이고, 둘째는 좋은 습관들이기이다.

그렇다면 첫째, 자신감을 키우기 위해서는 어떻게 해야 할까.

그것은 4세에 이르러 싹튼 자아를 확고히 정립함으로써 가능하다. 5세는 자아확립기인 동시에 타인과 소통할 수 있는 능력을 갖추는 시기라고 할 수 있는데, 자신이 매우 소중하고 고유한 존재임을 인지할 때 타인의 강요나 조정이 아니라 스스로의 판단에 의해서 행동할 수 있게 된다. 그로 인해 자신감도 생기고, 자존감도 생기는 것이다.

습관이란 '어떤 행위를 오랫동안 되풀이하는 과정에서 저절로 익혀진 행동방식'을 말한다. 그럼 좋은 습관이란 무엇일까. '아침 일찍 일어나기' '음식 가리지 않고 먹기' '인사 잘하기' 등의 바른생활 습관이나 '책 읽기' '숙제한 뒤에 놀기' '바른 자세로 앉기' '예쁘게 글씨 쓰기'와 같은 학습습관은 물론 몰입하는 습관, 항상 웃는 습관, 칭찬하는 습관, 긍정적으로 생각하는 습관, 남의 말을 귀 기울여듣는 습관, 인내하는 습관, 배려하는 습관 등도 모두 좋은 습관이라고 할 수 있다.

따라서 좋은 습관을 들여놓으면 예의 바른 아이로 성장할 수 있고, 공부를 비롯해 모든 일들을 잘할 수 있게 된다. 내가 "육아의 성공 여부는 아이에게 얼마나 좋은 습관을 들이느냐에 달려 있다."고 주장하는 것도 바로 이런 이유에서다.

그런데 문제는 좋은 습관들이기에 실패하는 부모가 많다는 것이다. 가장 큰 이유는 엄마들이 아이의 몸에 좋은 습관이 붙을 때까지 참고 기다리지 못하기 때문이다. 솔직히 '습관들이기'가 쉬운 일은 아니다. 엄마가 인내심을 가지고 노력하지 않으면 아이는 결코 좋은 습관을 가질 수 없다.

어떤 행동이 습관이 되려면 4가지 단계를 거쳐야 한다.

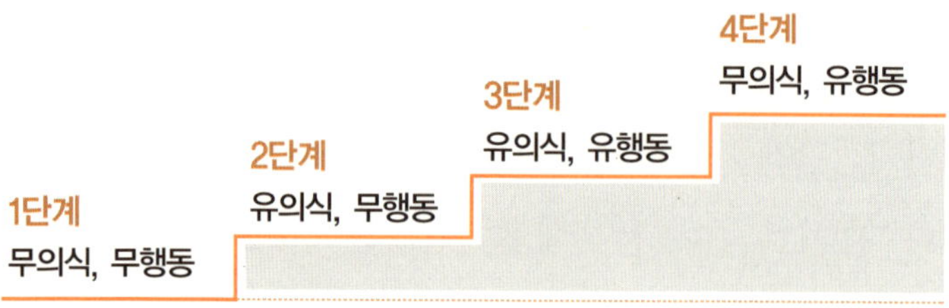

위의 4단계를 설명하기 위해 양치질하는 습관을 예로 들어보겠다.

아이는 양치질을 해야 한다는 생각도 없고 습관도 들지 않았다. (무의식, 무행동).

엄마가 양치질을 해야 한다고 강조하는 순간 의식을 하게 되지만 습관이 들지 않았기 때문에 엄마가 말하지 않는 날은 양치질을 빼먹기도 한다. (유의식, 무행동)

그러나 엄마가 포기하지 않고 계속해서 칫솔질을 하라고 유도하면 아이는 이를 의식하고 양치질을 하게 된다. (유의식, 유행동)

이런 과정이 되풀이되면 아이는 자기도 모르게 습관이 들어 어느덧 양치질을 하고 있는 자신을 발견하게 된다. (무의식, 유행동)

책 읽는 습관도 마찬가지다.

책이 왜 중요한지 모르는 아이는 당연히 책을 읽지 않는다. (무의식,

무행동)

엄마가 책을 읽자고 하면 아이의 의식 속에 '책'이라는 단어가 들어와 책을 읽어야겠다는 생각을 하긴 하지만 습관이 들지 않은 탓에 책을 읽지 않고 잠이 들기도 한다. (유의식, 무행동)

그러나 엄마가 꾸준히 책읽기를 독려하면 아이의 머릿속에 책을 읽어야겠다는 생각이 자리 잡아 의식적으로 책을 읽게 된다. (유의식, 유행동)

이런 과정이 되풀이되면 아이는 책을 읽지 않고서는 잠자리에 들지 못하는 습관을 갖게 된다. (무의식, 유행동)

이렇듯 여러 단계를 거쳐 많은 시간과 노력을 들였을 때 비로소 얻어지는 달콤한 열매가 바로 '습관'이다. 그런데 습관화되는 기간이 모두 일정한 것은 아니다. 어떤 사람은 2단계, 3단계를 지나는데 한 달이 걸릴 수도 있고, 어떤 사람은 1년이 걸릴 수도 있다. 또 어떤 사람은 어른이 되어서야 4단계에 이르기도 한다. 습관화에 실패하여 '책읽기'를 포기하고, '영어 공부(외국어 공부)'를 포기한 채 살아가는 이들도 많다. 그 이유로는 타고난 기질, 성격, 집안 환경, 부모의 관심, 본인의 노력 등 여러 가지가 있을 것이다.

아이를 키우는 데 있어 특별한 '비결'이란 없다. 반드시 지켜야 하는 '원칙'만 있을 뿐이다. 사실 이 책에서 이야기하는 모든 것들이 어느 시대, 어느 나라, 어떤 상황에서든 지켜주었으면 하는 '원칙'에 대한 것이다. 물론 원칙을 지킨다는 것이 쉬운 일은 아니지만 마음만 굳게 먹는다면 불가능한 일도 아니다. 실제로 많은 엄마들이 이와 같은 방법으로 자기 아이를 훌륭한 인재로 키워냈다.

여기서 질문 하나. 아인슈타인과 피카소, 그리고 에디슨과 빌 게이츠의 공통점은 무엇일까? 그것은 바로 그들의 성공 뒤에는 어머니가 있었다는 것이다. 어머니의 배려와 관심과 사랑으로 그들은 각자의 분야에서 최고가 될 수 있었다. 다시 말해 어머니의 역할이 그만큼 중요하다는 뜻이다.

5세는 좋은 습관들이기에 적기다. 대상(대물, 대인, 공간, 시간 등)과의 관계가 형성되기 시작하는 시기, 즉 주변에서 접하는 대상을 처음으로 인지하고 익숙해지는 시기이기 때문이다. 나쁜 습관이 들어버리면 그 후에는 엄청난 노력을 쏟아 부어도 바꾸기가 쉽지 않다는 사실은 잘 알고 있을 것이다. 따라서 처음에는 버거울지 몰라도 5세에 좋은 생활습관, 생각습관, 표현습관, 감정습관을 들이도록 하는 것이 결국 지름길이다. 이 시기를 잘 보내야 아이도 성공적인 인생을 살 수 있다.

대화에도 기술이 필요하다

1. 연령별 감정공감 대화법 : 5세

앞에서 3~4세는 자기중심적인 성향이 강해 이 부분을 염두에 두고 대화를 이끌어갈 필요가 있다고 했다. 그렇다면 5세의 경우는 어떨까.

5세에 이르면 당장 실행 가능한 대안을 제시하는 대신 아이와 협상을 벌일 수 있다. 이 시기의 아이는 어른이 느끼는 감정을 거의 대부분 느낄 수 있는데, 중요한 발달과정으로는 '관계형성'이 시작된다는 것을 들 수 있다. 3~4세 아동은 '나' 아닌 다른 사람의 입장을 이해하지 못하지만 5세 아동은 '우리'라는 개념을 이해한다. 따라서 대화의 폭도 넓어지고, 어떤 문제에 대한 이해력도 높아진다. 물론 그렇다고 해서 떼를 쓰지 않는다는 말은 아니다.

아이가 아이스크림을 사달라고 조를 경우, 1단계에서는 3~4세 아동에게 하듯이 먼저 감정을 읽어준다.

"아이스크림이 먹고 싶은데 엄마가 허락하지 않으니까 속상하지?"

2단계에서는 아이의 행동이 왜 잘못됐는지 구체적으로 지적하고, 고쳐준다.

"하지만 이렇게 사람이 많이 있는 장소에서 소리 지르고 떼쓰면 안 돼. 사람들에게 피해를 주잖아."

마지막으로 대안을 제시한다.

"콧물이 멈추면 사줄 거야."

다시 말하지만 대화에도 요령이 필요하다. 아무리 짜증이 난다 해도 아이에게

"또 떼를 쓰는구나. 내가 마트에 데려오지를 말아야지!'

"네 아빠한테 가서 사달라고 해. 어쩜 단 거 좋아하는 것까지 즈이 아빠를 꼭 닮았을까."

하는 식으로 말해서는 안 된다. 부모가 다른 사람을 원망하거나 화를 참지 못하는 행동을 되풀이하면 아이도 부정적으로 자랄 수밖에 없다. 상상해 보라. 내 아이가 툭 하면 남을 원망하고 화를 내는 모습을. 정말이지 끔찍하지 않은가.

2. 아이-메시지

대화의 기술에는 여러 가지가 있는데, 내가 권하고 싶은 것은 바로 아이-메시지I-Messagy다. 아이-메시지는 대화를 나눌 때 상대방에게 내 입장을 설명하는 것에 주안점을 두는 것이다. 상대방이 내 의견을 즉시 받아들이지 않고 반발하는 이유는 대부분 내용보다 형식에 있다. 즉 같은 말도 기분 나쁘게 하면 좋지 않은 감정이 일어난다는 뜻이다.

누구도 자신을 무시하거나 명령하듯 내뱉는 말은 쉽게 받아들이려 하지 않는다. 유-메시지가 그렇다. 유-메시지란 대화를 나눌 때 어떤 잘못에 대한 핑계를 상대방에게 돌리는 것을 뜻한다. 예를 들어 "너 때문이야." "너는 지금 잘못 생각하고 있어." "조심 좀 하지 그래?" 하고 말하는 것이다. 이런 식의 말들은 상대방에게 불쾌감을 주기 때문에 대인관계에 악영향을 미친다.

반면에 아이-메시지는 내 입장을 설명하고 나서 상대의 양해를 구하기 때문에 상대방이 방어적이거나 공격적으로 나오지 않는다. 오히려 나에 대한 호감도가 높아질 수 있다. 예를 들어 난폭하게 운전하는 친구에게 "야, 차 좀 살살 몰아. 운전이 왜 그렇게 서툴러?"라고 말하는 것보다 "이봐, 나 아직 결혼도 못 했어. 좀 봐줘."라고 말하는 것이 상대방의 마음을 움직이는데 더 효과적이라는 것이다.

또한 아이-메시지는 상대방을 비난하지 않고, 상대방의 인격이나 성격이 아니라 행동에 대해서만 내가 느끼는 바를 말하기 때문에 상대방이 모욕을 느끼지 않고, 내 말을 귀 기울여듣게 된다. 말하는 사람도 감정에 흔들리지 않고 느낌을 표현하기 때문에 의견을 명확히 전달할 수 있다.

아이-메시지는 아이와의 대화에도 적용할 수 있다. 예를 들어 아이가 놀다가 화병을 깼다고 하자. 이때 "조심하라니까 넌 도대체 왜 말을 안 듣는 거야?"라고 비난하는 식으로 말하거나 "다시는 이런 짓 하지 마."라고 지시하는 식으로 말하는 것은 삼가야 한다. 그보다는 "엄마는 네가 화병을 깨서 속상하고 화가 나. 또 네가 다칠까 봐 걱정도 돼. 네가 다치면 엄마 마음이 얼마나 아프겠니?"라고 화난 감정을 엄마 입장에서 말하는 것이 좋다.

또 다른 예로 아이가 콩을 안 먹는다고 하자. 이럴 때 엄마들이 흔히 하는 말이 있다.

"왜 안 먹어? 이게 얼마나 맛있는데!"

"먹어! 먹으면 예뻐진대."

그러나 이런 말들은 아이에게 아무런 영향도 주지 못한다. 아이가 느끼기에는 현실감이 떨어지는 말이어서 공감이 가지 않기 때문이다. 뿐만 아니라 이런 말들은 아이는 맛이 없다고 생각하는 음식을 '맛있다고 생각하라.' 고 강요하는 것에 지나지 않는다.

이때 "엄마는 네가 콩을 먹었으면 좋겠어." "엄마는 콩이 맛있더라." "엄마는 콩을 먹으면 기분이 좋아져." 등등 아이-메시지로 엄마의 입장을 전하면 아이는 엄마의 감정을 읽고, 자신의 감정에도 대입해 보게 된다.

3. 목적가치를 지향하는 대화법

지금은 꿈이 없는 것처럼 보이는 사람들도 어렸을 때는 꿈이 있었을 것이다. 공부를 많이 해서 학자가 되고 싶었던 사람도 있을 것이고, 별처럼 빛나는 연예인이 되어 부러움 섞인 시선을 한 몸에 받으며 살아가고 싶었던 사람도 있을 것이다. 운동을 좋아해서 야구나 축구 또는 농구 선수가 되고 싶었던 사람도 있을 것이다. 그러나 대부분은 회사원이나 가정주부가 되어 평범하게 살아간다.

그런데 자신이 꿈을 이루지 못한 이유를 환경 탓으로 돌리는 사람이 의외로 많다. 부모가 자신을 뒷받침해 주었다면 사회적으로 큰 성공을 거둘 수 있었을 거라고 생각하는 것이다.

그래서일까. 부모가 된 어른들은 자신의 아이가 '꿈'을 이루길 바란다. 여기서 '꿈'이란 아이들의 꿈이라기보다는 부모들의 꿈이다. 부모는 아이가 남들이 부러워할 만한 직업을 갖기를 원하고, 그래서 의도적으로 자기가 바라는 모델을 아이의 머릿속에 주입한다. 이처럼 부모가 아이의 미래에 적극적으로 개입하는 이유는 자신이 조금만 도와주면 아이가 성공할 것 같다는 생각을 하기 때문이다. 이를 '보상심리'라고 한다.

하지만 정말 그럴까? 부모가 적극적으로 개입한다고 해서 아이가 성공적인 삶을 살 수 있을까?

반은 맞고, 반은 틀리다. 부모의 도움 없이 아이가 올바르게 성장하기란 참으로 힘든 일이다. 문제는 도움의 방식에 있다. 즉 어떻게 도와주느냐가 중요하다. 특정한 직업을 갖기를 원하고, 그에 관련된 지원만 하는 것은 반만 성공하도록 돕는 것이다.

도덕성과 올곧은 가치관이 없는 사람들이 판검사나 의사, 교수 등 사회적으로 중요한 직업을 갖는 것만큼 위험한 일은 없다. 달콤한 유혹에 넘어가 잘못된 판단을 하고, 사회에 해를 끼치는 위험한 결정을 내릴 수도 있기 때문이다.

혹자는 "똑똑한 엘리트가 잠깐 도덕성을 상실했을 때 저지르는 오판은 사회 전체에 악영향을 미칠 수 있다."고 말한다. 나는 이 말에 동의하는 편이다. '능력'은 누구나 가질 수 있고 개발할 수 있다. 하지만 누구나 자신의 능력을 사회에 이득이 되는 방향으로 사용하지는 않는다. 어릴 때부터 자신의 능력을 어떻게 사용해야 사회에 이득이 되는지 충분히 인식하고 있고, 자라면서 체화해야 능력을 제대로 발휘할 수 있고, 사람들에게 인정받을 수 있다. 다시 말해 칼을 무기로 사용할 수 있도록 하려면 칼을 잘 가는 방법보다는 칼을 잘 쓰는 법을 가르쳐야 한다는 뜻이다.

물론 어떤 유혹에도 넘어가지 않고 올바른 가치를 지킨다는 것이 말처럼 쉬운 일은 아니다. 이와 같은 가치관은 어렸을 때 심어주어야 하는데, 그 일을 책임지고 해야 할 사람이 바로 부모다.

『무지개 원리』의 저자로 유명한 차동엽(노르베르또) 신부는 가치에는 '목적가치' 와 '도구가치' 가 있다고 말한다. 목적가치란 평등이나 사회 정의, 평화, 정직, 책임, 용서와 같이 그 자체가 목적이 되는 가치, 자기 자신에 머물지 않고 인류와 사회에 기여하는 가치이다. 그리고 도구가치(또는 수단가치)란 이런 목적을 추구하는 데 도구가 되는 가치, 즉 명예, 지식, 경제력, 권력 등이다.

이에 대한 개념이 잡혀 있는 부모는 아이가 올바른 가치관을 가질 수 있도록 가르칠 것이다. 예를 들어 아이가 나중에 커서 경찰이 되고 싶다고 하자. 목적가치에 대한 개념이 잡혀 있지 않은 엄마는 이렇게 물을 것이다.

"왜 하필 경찰이 되려고 그래? 얼마나 위험한 직업인지 알고 그러는 거야?"

반면에 목적가치에 대한 개념이 제대로 서 있는 엄마는 다음과 같이 말할 것이다.

"우리 태경이는 힘없는 사람들을 도와주고 싶어 하는 멋진 마음을 가지고 있구나. 꼭 그런 근사한 사람이 되렴."

아이와 대화를 나눌 때 경찰이라는 직업에 대해서 이야기하기보다는 그 직업이 갖고 있는 목적가치에 대해 이야기하고, 일깨워주어야 한다. 그래야 아이가 커서 경찰이 되었다면 올곧은 경찰이 되어 자신의 업무를 충실히 해나갈 것이고, 경찰이 못 되었다 하더라도 힘없는 사람들 보면 그냥 지나치지 못하고 도와주는 근사한 리더가 되어 있을 것이다.

감정조절을 잘하는 아이가 학습능력도 뛰어나다

'화병火病'이라는 것이 있다. 부정적인 감정, 즉 슬픔, 우울함, 걱정, 근심, 두려움, 짜증, 신경질, 미움, 억울함 등을 '나쁜 감정'으로 여겨 겉으로 나타내지 못하고 오랫동안 참는 사람에게 생기는 병이다. 쉽게 말해 화를 참아 생긴 병으로 가슴이 답답하면서 잠을 잘 자지 못하는 증상을 보인다.

우리나라 부모들은 대부분 부정적인 감정을 억누르는 교육을 받고 자랐다. 때문에 자신의 아이에게도 마찬가지의 교육을 시키는 부모가 많다.

"울지 마, 계속 울면 경찰 아저씨가 나타나 잡아간다."

"친구를 미워하면 나쁜 아이야."

"왜 그렇게 짜증을 내니? 좋은 말로 하면 안 돼?"

"누가 그 따위로 어른한테 말대답하라고 했어?"

등등 자신도 모르게 아이들이 부정적인 감정을 표출하지 못하도록 막는다. 그 결과 아이들 역시 부정적인 감정을 나쁜 것으로 인지하게 된다. 하지만 부정적인 감정 자체가 나쁜 것은 아니다. 부정적인 감정도 내 감정이다. 아니, 나의 소·중·한 감정이다.

또한 그것은 내부의 내가 나에게 보내는 구조 요청 신호와도 같다. 비유하자면 음식이 맛있다고 마구 먹어댈 경우 배탈이 나고, 설사가 나는 것과 같다. 여기서 배탈과 설사는 '더 이상 먹으면 배가 터질지도 모른다.'는 '신호'이다. 다시 말해 내가 느끼는 '두려움'은 이대로 계속 두려워만 하다가는 우울증에 걸릴지도 모르니 해결 좀 해달라는 '신호'라는 것이다.

따라서 불안하거나 짜증이 날 때는 자신의 감정을 있는 그대로 받아들이고 뿜어내야 한다. 내부에서 일어나는 부정적 감정을 있는 그대로 인정하고 표현하는 것이 바로 긍정적인 태도이다. 그런데 문제는 자신의 감정을 표현하느냐 안 하느냐가 아니라 어·떻·게 표현하느냐는 것이다.

사람마다 자신의 부정적 감정을 표현하는 방법은 모두 다를 것이다. 대부분의 사람들은 슬플 때는 울고, 긴장할 때는 떨고, 두려울 때는 두 주먹을 꼭 움켜쥔다. 이렇게 두려운 감정을 몸으로라도 드러내는 편이 참는 것보다는 훨씬 더 낫다. 그러므로 아이들이 울거나 떨거나 두 주먹을 움켜쥘 때 나무라지 말고 이렇게 말해야 한다.

"두렵구나. 앞으로는 감정을 숨기지 말고 엄마에게 도움을 청하렴."

또 친구가 놀려서 화가 나면 주먹을 움켜쥐고 친구를 때리는 아이가 있는데, 참는 것보다는 차라리 때리는 아이가 더 낫다. 다만 이런 경우에는 다음과 같이 말해서 아이의 행동을 수정해 주어야 한다.

"친구가 놀려서 화가 많이 났구나. 하지만 주먹으로 친구를 때리면 안 돼. 앞으로는 화가 났으면 친구에게 ' 나 화났어.' 라고 말을 하렴."

간혹 "부정적인 감정을 표현하라."고 하면 "부정적인 행동을 인정하라."는 뜻으로 잘못 받아들이는 경우가 있다. 물론 부정적인 감정은 충분히 공감해 주어야 하지만 부정적인 행동에 대해서는 적절한 제재를 가해야 한다. 아이가 감정을 조절하고 스스로 판단해서 올바른 행동을 할 수 있을 때까지는 부모나 교사가 아이의 감정을 읽어주고 어떻게 행동해야 좋은지 알려줄 필요가 있다는 말이다.

대체로 삶이 행복하다고 말하는 이들의 얼굴은 밝다. 입가에서 웃음이 떠나질 않는다. 그들은 부정적인 감정을 느끼지 못해서 행복하게 사는 것일까? 아니다. 부정적인 감정을 잘 읽고, 있는 그대로 받아들이고, 행동과 대화로 자신의 감정을 제대로 표현해 사람들에게 알리고, 사람들로부터 이해받고, 스스로 조절해 나갈 수 있기에 즐겁게 살아가는 것이다. 이처럼 주도적으로 자기감정을 조절할 수 있어야 살아가면서 예기치 못한 갈등과 난관에 부딪쳤을 긍정적인 생각과 자세로 슬기롭게 이겨낼 수 있다.

나쁜 감정이란 없다. 슬픔과 고통을 느끼지 못하는 사람은 타인이 슬퍼하거나 고통스러워할 때 위로해 줄 수 없다. 그런 감정을 경험해 보지 못해서 상대방의 마음을 이해할 수 없기 때문이다.

내 아이가 사람들과 어울려 행복하게 살기를 원한다면 아이 스스로 자신의 감정을 이해하고, 그 감정을 해결할 방법을 찾을 수 있도록 도와주어야 한다. 방법을 찾아 익히면 스스로 감정조절을 할 수 있어 주위 사람들과의 관계가 좋아지게 된다. 그리고 이렇게 감정조절을 잘하는 아이들일수록 학습능력이 뛰어나 공부도 잘한다.

아직 어린 자녀를 둔 엄마들이 흔히 하는 말이 있다.

"내 아이가 어떤 소질을 갖고 있는지 좀 더 빨리, 제대로 알 수 있으면 좋겠어요."

그러면서 옆집 엄마(같은 동네에 살고, 비슷한 나이의 자녀를 둔 다른 엄마를 편의상 옆집 엄마로 지칭하겠다)는 자기 아이의 소질을 발견했다는 식으로 이야기한다.

옆집 엄마가 정말 아이의 소질을 발견했는지, 아니면 발견했다고 착각하는지 정확한 사정은 모른다. 그러나 분명한 것은 많은 엄마들이 원하지만 아이의 소질을 안다는 것이 결코 쉬운 일은 아니라는 것이다. 나는 엄마들이 아이의 소질을 발견하느냐 못하느냐의 여부가 참고 기다리느냐, 참지 못하고 기다리지 않느냐에 달려 있다고 본다.

내가 현장에서 수백 명의 부모를 대상으로 교육을 할 때 가장 많이 묻는 질문이 바로 "아이 키우면서 뭐가 제일 힘드세요?"라는 것이다. 이때 대부분의 부모들이 "참는 것과 아이가 뭔가를 보여줄 때까지 기다리는 것"이라고 대답한다.

그렇다면 '기다리는 엄마'가 되기 위해서는 어떻게 해야 할까.

첫째, 옆집 엄마의 말에 휘둘려서는 안 된다.

옆집 엄마 말에 휘둘린다는 것은 교육에 대한 주관이 뚜렷하게 서 있지 않다는 뜻이기도 한데, 이런 엄마들이 의외로 많다. 옆집 엄마 아이가 한글을 안다 싶으면 그 아이의 엄마가 무엇을, 어떻게, 언제부터 시켰는지부터 알려고 한다. 왜냐하면 그것을 정보라고 생각하고, 또 굳게 믿고 있기 때문이다. 옆집 엄마 아이의 수학 점수가 올랐다는 소문을 들으면 당장 옆집 엄마에게 달려가 친해지려고 애쓴다. 아이를 가르치는 선생님을 소개받기 위해서다.

옆집 엄마가 실제로 아이를 잘 키우고 있다면 아이에게 알맞은, 즉 아이의 기질이나 소질에 맞는 교육을 시키고 있다고 봐야 한다. 이는 남들이 하는 말에 현혹되지 않고 스스로 아이에게 유익하다고 판단되는 정보를 골라 실생활에 적용시킨 결과라고 할 수 있다. 이처럼 아이에게 약이 되는 좋은 정보를 고르기 위해서는 먼저 교육에 대한 주관이 바로 서 있어야 한다.

둘째, 아이가 알을 깨고 나올 수 있도록 도와준다.

불교에서 쓰는 용어 중에 줄탁동시(啐啄同時)라는 말이 있다. 알 속에서 자란 병아리는 세상 밖으로 나오기 위해 부리로 껍질 안쪽을 쪼아 부수려고 한다(줄). 이때 어미닭은 품고 있는 알 속의 병아리가 부리로 쪼는 소리를 듣고 정확하게 동시에 쪼아서 새끼가 나올 수 있도록 도와준다(탁). 이처럼 병아리와 어미닭이 동시에 알을 쪼아댄다고 해서 줄탁동시라고 하는 것이다.

이 말을 자식 교육에 대입해 보면 자식은 엄마의 도움이 필요할 때 신호를 보낸다고 할 수 있다. 이때 엄마가 그 신호의 의미를 정확히 읽고 부리로 쪼아주면 자식은 세상 밖으로 나와 날갯짓을 할 것이다. 반면에 신호를 감지하지 못하거나 또는 성급한 마음에 너무 일찍 쪼아대면 채 자라지 않은 병아리가 태어나는 것이다.

아이는 그림을 그리고 싶어 하지 않는데 그림을 그리라고 말하는 엄마, 아이는 책을 읽어주는 엄마의 목소리가 좋아서 아직 글을 배우고 싶지 않은데 글을 배워서 혼자 읽으라고 말하는 엄마, 아이는 엄마와 함께 음식을 만들면서도 충분히 숫자를 깨우칠 수 있다고 생각하는데 음식을 만드는 데 방해되니 조용히 방에 들어가 숫자 공부나 하라고 말하는 엄마가 되어서는 안 된다.

서두르면 아이의 자질을 알아낼 수 없다. 아이는 자신의 자질을 보여주고 있는데도 엄마가 다른 생각에 빠져 읽어내지 못하는 것이다. 지금 당장 한글을 가르치지 않는다고 해서, 영어를 가르치지 않는다고 해서 아이가 잘못되는 것은 아니다. 보이지 않는다고 초조해하지 말고 아이의 자질이 눈에 들어올 때까지 기다리고, 또 기다려야 한다.

중요한 것은 아이가 무엇을 원한다는 신호를 보낼 때, 그 신호를 정확하게 감지하는 것이다.

셋째, 아이 스스로 자신의 자질을 찾을 수 있도록 한다.

물론 아이가 보내는 신호를 정확하게 읽는다는 것이 쉬운 일은 아니다. 대부분의 아이들이 "엄마, 나 글자(그림 또는 피아노, 태권도 등) 배우고 싶어요." 하고 딱 부러지게 말하지 않기 때문이다. 즉 자신이 원하는 것이 무엇인지 정확하게 표현하지 않는다는 뜻이다. 혹은 자신이 무엇을 원하는지 잘 모를 수도 있다. 따라서 말보다는 아이의 행동을 유심히 관찰할 필요가 있다.

일단은 아이가 하고 싶어 하는 일들을 마음껏 할 수 있도록 내버려두자. 자유롭고 편안한 상태에서 즐겁게 놀다 보면 아이 스스로 원하는 것이 무엇인지 찾을 수 있다. 굳이 가르치지 않더라도 배우고 싶고, 알고 싶은 것이 생기게 된다는 뜻이다.

어떤 일을 잘한다는 것만으로 그것을 '소질'이라고 할 수 없다. 진정한 소질이란 '어떤 일을 즐겁게 잘해 좋은 결과'를 내는 것이다. 다시 말해 어떤 분야에서 뛰어난 능력을 보이는 것이 소질은 아니다. 그 분야를 좋아하고, 좋아하는 일을 하기 위해 스스로 능력을 쌓고, 눈에 보이는 성과를 만들어내는 것, 그것이 바로 진정한 소질이다.

5세는 통합적으로 사고할 수 있는 능력을 키우는 데 있어 적기라고 할 수 있다. 우리는 대부분 대립하는 두 가지 선택 안이 있을 경우, 둘 중 하나를 택해야만 하는 것으로 생각하고, 또 그렇게 행동한다. 이때 어느 한쪽을 버리고 어느 한쪽을 취하는 것이 아니라 두 가지 선택 안의 장점을 통합할 수 있는 창조적인 사고가 바로 통합적 사고이다.

통합적 사고능력을 지닌 사람들은 양자택일의 상황에서 두 가지의 장점을 모두 취해 누구도 예상하지 못했던 성과를 이루어낸다. 실제로 세계에서 가장 영향력 있는 경영학 교수 중 한 명인 로저 마틴은 자신의 저서 『생각이 차이를 만든다』에서 '50여 명의 탁월한 리더들을 연구한 결과 그들은 저마다 기질도 다르고 일하는 방식도 달랐지만 공통점이 있었다. 바로 통합적 사고방식을 지니고 있다는 것이었다.' 는 놀라운 이야기를 전하고 있다.

그렇다면 통합적 사고능력은 어떻게 키울 수 있을까.

5세는 '인지가 확장되는 시기' 라는 사실은 이미 알고 있을 것이다. 여기서 우리는 인지가 '확장' 되는 시기이지 '정립' 되는 시기는 아니라는 점에 유념할 필요가 있다. 인지가 확장된다고 하니 이때 뭐든 가르쳐야 한다고 생각하는 엄마들이 많은데, 이는 잘못된 생각이다. 이

때는 아이가 열린 사고를 할 수 있고, 생각을 내뿜을 수 있도록 해야 한다. 즉 정답을 정해 줘서는 안 된다. 아이와 이야기를 할 때 '내 생각이 옳고, 네 생각은 틀리다.'가 아니라 '너와 나의 생각은 다르다.'는 것을 전제로 대화를 이끌어나가야 한다.

예를 들어 아이가 다음과 같은 질문을 던졌다고 하자.

"엄마, 동물원에는 왜 공룡이 없어?"

이때 "당연하지. 공룡은 오래전에 이 세상에서 사라졌기 때문에 없지." 하고 정답을 알려줘서는 안 된다.

"공룡이 왜 없냐고? 우리 충현이는 궁금한 게 참 많구나. 엄마도 동물원엔 왜 공룡이 없는지 궁금하네. 충현이는 왜 그렇다고 생각하는데?" 하고 아이-메시지를 이용해 아이가 흥미를 잃지 않으면서도 계속 뭔가를 생각할 수 있는 질문을 던져야 한다. 즉 아이가 질문을 했을 때 궁금해하는 아이의 마음을 수용하고, 공감하고 있다는 것을 말로 표현하고(엄마도 궁금해!), 다시 아이에게 질문을 하는 방식으로 대화를 이끌어가라는 것이다.

이럴 경우 아이들은 대부분 자랑스럽게 자기가 왜 궁금해하는지에 대해 자기만의 생각을 털어놓기 마련이다. 어떤 아이는 이렇게 말할 수도 있다.

"그렇지? 엄마도 궁금하지? 난 공룡이 너무 커서 울타리를 만들 수 없으니까 동물원에 없다고 생각해."

이때 "뭐라고? 그게 아니잖아."라는 식으로 핀잔을 주어서는 안 된다.

"그렇구나! 어떻게 그런 생각을 다 했니? 엄마는 공룡이 너무 많이 먹으니까 먹이를 대기가 힘들어서 동물원에 두지 않는다는 생각이 들어. 충현이는 또 어떤 생각이 드니?"하고 계속해서 아이에게 질문을 던져야 한다.

아이의 생각을 유도하는 질문은 수없이 많지만 "넌 어떻게 생각하니?" "넌 왜 그렇다고 생각하니?" "넌 또 어떤 생각이 드니?" "너라면 어떻게 하겠니?" 등등의 간단한 질문 서너 가지만 활용해도 충분한 효과를 얻을 수 있다. 이런 식으로 아이에게 자신의 생각을 머릿속에서 정리해 말로 표현하면서 상대와 공감해 나가는 과정을 훈련시킬 수 있다.

이처럼 엄마와 함께하는 훈련이 지속적으로 이루어진다면 아이는 자라면서 어려운 상황에 부딪치거나 사람들과 갈등이 생겼을 때 모든 문제를 대화로 풀어나가려 할 것이며, 집중적으로, 통합적으로 사고해서 얻은 결론을 상대방이 받아들일 수 있도록 열심히 설득할 것이다.

우리나라 젊은이들이 외국에 나가 공부를 할 때 가장 힘들어하고,

피하고 싶어 하는 것이 바로 많은 사람들 앞에서 자신의 생각을 표현하는 것이라고 한다. 그 이유는 어려서부터 통합적 사고능력과 표현력을 키우는 훈련을 해오지 않았기 때문이다.

즐기는 아이가 성공한다

성공한 사람들, 리더로서 존경받는 사람들에게는 몇 가지 공통점이 있는데 그중 하나가 바로 몰입하는 능력, 즉 집중력이 뛰어나다는 것이다.

많은 엄마들이 아이로 하여금 정해진 시간 동안 가만히 앉아서 주어진 과제를 해내도록 하면 집중력을 키울 수 있다고 믿는다. 물론 어느 시기까지는 엄마가 이끄는 대로 잘 따라온 아이가 다른 아이들보다 조금 더 앞서 나갈 수 있는 것은 사실이다. 다른 아이들보다 조금 더 일찍 한글을 익히고, 음악을 배운 아이들이 초등학교 저학년까지는 다른 아이들보다 뛰어나 보인다는 뜻이다. 그로 인해 부러움 섞인 시선을 받기도 한다.

하지만 점차 고학년으로 올라갈수록 사고가 성장하고, 그와 함께 자기정체성에 대해 고민하게 되고, 세상에 홀로 서기 위해 자신과의 싸움을 벌이게 되는데, 이때 과연 어떤 아이가 자신과의 싸움에서 이길 수 있을까. 엄마가 이끄는 대로 잘 따라온 아이일까, 아니면 그렇지 않은 아이일까. 둘 중 어느 아이라고 정확하게 집어서 말할 수는 없다. 그러나 엄마의 의견을 자기 의견보다 우선시하는 아이일수록 방황과 고민을 많이 하고, 긍정적인 결론을 얻지 못한다는 것만은 사실이다.

많은 엄마들이 아이들의 성적을 걱정한다. 그래서 성적을 올리기 위해 아이를 영어나 수학을 가르치는 학원에 보내고, 학업성취도를 높이기 위해 자신감을 키워주는 학원이나 집중력을 향상시키는 학원에도 보낸다. 아이들은 학교 공부를 마친 후에도 밤늦은 시간까지 이 학원, 저 학원으로 하염없이 돌아다닌다. 그 끝이 어디인지 아이는 모른다. 엄마도 모른다. 단지 짐작만 할 뿐이다. 그 짐작이 빗나갔을 경우 아이는 깊은 마음의 상처를 입을 수도 있다.

하지만 끝은 잘 몰라도 시작은 알 것이다. 앞에서 말했듯이 5세는 처음으로 대상과 관계를 형성하는 시기이다. 이때 만나는 대상들과 즐겁게 접촉하고, 애착관계를 형성한 아이라면 좋은 습관을 지니게 된다.

예를 들어 즐겁게 숫자놀이를 하는 아이는 숫자에 집중하게 되고, 집중하다 보면 자연스럽게 타인에게 자랑하고 싶어지고, 자랑하다 보면 타인과 소통하게 되고, 소통하다 보면 타인의 생각을 받아들여 장점을 취하고, 자신의 생각에서도 장점을 취해 새로운 생각을 탄생시키게 된다. 이처럼 통합적인 사고능력이 형성되면 숫자놀이에 하나의 놀이를 더 보태서 전혀 새로운 놀이를 만들어 즐기게 된다. 이렇게 무엇이든 즐겁게 받아들이는 아이가 집중력이 높고 사고력, 창의력, 논리력, 통합적 사고능력 등 모든 면에서 월등하다.

유아기에 있는 아이들을 마음껏 놀게 하자. 그것이 엄마들이 바라는 대로 아이들을 남보다 뛰어난 능력을 지닌, 성공하는 리더로 키우는 지름길이다.

PART 3

연령별 육아 공감 100%

Q & A

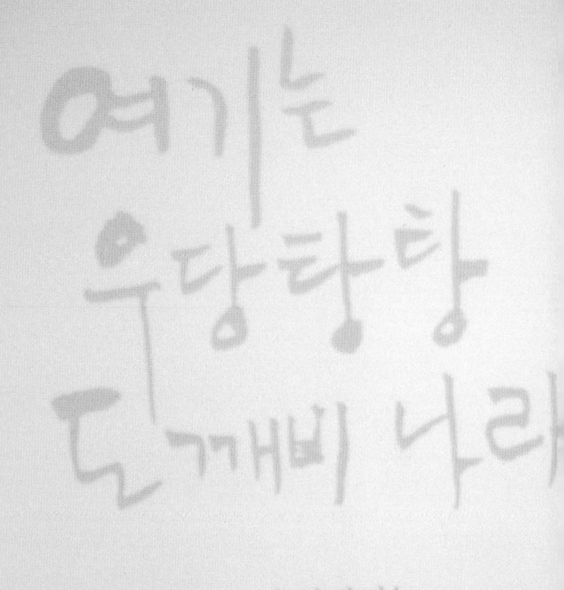

여기는 우당탕탕 도깨비 나라

"여기는… 우당탕탕!
도…도깨비 나라?"

24개월 아동의 경우

아이가 거짓말을 해요

Q : 우리 애가 자꾸 거짓말을 해요. 어떻게 하면 좋죠?

A : 속상하시겠군요. 그런데 아이가 어떤 거짓말을 하죠?

Q : 사탕을 먹어놓고도 안 먹었다고 우기고, 세수는커녕 양치질도 하지 않은 걸 아는데 욕실에서 혼자 이를 닦았다고 하고….

A : 어머니는 아이가 기짓말하는 게 싫으시죠?

Q : 당연하죠.

A : 어떤 부분이 가장 싫고 속상하신가요?

Q : 바늘도둑이 소도둑 된다는데, 벌써부터 엄마를 속이고…. 지금 바로잡아주지 않으면 커서 뭐가 될지 너무 걱정이 되는 거죠.

A : 아이의 상상력이 풍부하다년 어뗘세요?

Q : 그야 저도 바라는 바죠.

A : 그럼 걱정할 거 없네요. 제가 보기에 아이는 거짓말을 하는 게 아니라 상상력이 풍부한 겁니다. 그냥 두서도 됩니다. 제 대답을 쉽게 수긍하기 어려우시죠? 아이의 거짓말이 상상력과 어떤 관계가 있는지 잘 이해되지 않으실 거예요.

자식에게 큰 기대를 하지 않는 부모라 할지라도 아이가 최소한 정직한 사람으로 자라길 바라고 있습니다. 도덕성이야말로 한 사회의 구성원으로 살아가는 데 있어 반드시 갖추어야 할 덕목이기 때문이죠. 사람들로부터 신뢰를 잃는다는 것이 얼마나 삶을 어렵게 만드는지 어른들은 잘 알고 있으니까요.

그런데 사실을 말씀드리면, 인간은 누구나 거짓말을 합니다. 자기 과시를 위해, 기죽지 않기 위해, 위기를 모면하기 위해, 타인을 감싸기 위해 등등 수많은 이유로 거짓말을 하죠. 문제는 그 거짓말이 악의를 담고 있느냐, 아니냐 하는 것과 남에게 피해를 주는 거짓말이냐, 아니냐 하는 것입니다. 거짓말을 했다는 것만으로 무조건 잘못됐다고 할 수는 없습니다.

아이들의 거짓말은 어른들의 거짓말과는 차원이 다릅니다. 3~5세의 아이들은 참말과 거짓말을 인지하지 못합니다. 이 시기 아이들의 특징으로 '오인(착각)'을 들 수 있는데, 좀 더 설명을 드리면 아이들은 상상의 세계와 꿈의 세계, 그리고 현실의 세계를 제대로 구분하지 못합니다.

엄마도 무서운 꿈을 꾼 뒤에 깨어나서 우는 아이를 달래본 경험이 있을 것입니다. 이는 아이들이 꿈과 현실을 구분하지 못하기 때문에 생기는 일입니다. '네가 방금 겪은 일은 꿈'이라는 인식을 시켜주기 전까지 아이들은 꿈속에서 경험했던 일이 실제로 자신에게 일어났던 일이라고 믿습니다.

아이가 사탕을 먹지 않았다고 우기는 것은 정말 안 먹었다고 믿기 때문입니다. 심지어 자신이 먹어야 할 사탕을 강아지나 인형이 빼앗아 먹었다는 상상을 하기도 합니다. 아이들의 거짓말에는 어떤 악의도 포함되어 있지 않습니다. 대부분 착각이나 오해에서 비롯되거나 상상력이 빚어낸 결과물이기 때문입니다.

아이가 사탕을 안 먹었다고, 양치질을 했다고 거짓말을 하는 경우에는 "정직해야 한다."며 아이를 다그치는 엄마도 아이가 크레파스로 날개 달린 코끼리를 그리면 "상상력이 뛰어나다."며 칭찬을 아끼지 않을 것입니다. 그러나 아이에게 있어서는 양치질을 했다고 믿는 것과 코끼리에게 날개가 달렸다고 믿는 것이 별반 다르지 않은 일입니다.

이런 점을 염두에 두고 엄마는 좀 더 여유 있고 너그럽게 아이의 거짓말을 받아들여 합니다. 아이들은 우리가 생각하는 것보다 훨씬 더 자유로운 세계에 살고 있으니까요.

저는 부모님에게 다음과 같은 내용의 전화를 받을 때가 많습니다.

"대표님, 혹시 우리 아이한테 키가 작다고 하셨나요?"

“대표님, 혹시 우리 아이 때리셨나요?”

제가 조금 더 구체적으로 말씀해 달라고 하면 이렇게 이야기합니다.

“우리 아이가 원에서 밥을 먹는데 대표님이 키가 작다고 놀리더래요. 어떻게 그러실 수가 있나요? 우리 아이는 말도 빠르고 뭐든 구체적으로 설명하는데 몇 번을 물어봐도 계속 같은 말만 해요.”

“아이가 대표님께 맞았대요. 몇 번을 물어봐도 손으로 때리는 시늉까지 해가면서 대표님이 자기를 때렸다고 하는데… 대표님이 그럴 분이 아니란 건 잘 알지만 그래도 아이가 너무 구체적으로 같은 말을 여러 번 되풀이해서요. 사실이든 아니든 아이가 원에서 무서움을 느끼고 공격적인 행동을 겪었다면 이건 아니다 싶어서 전화 드렸어요.”

“대표님. 우리 아이 반에 선우라는 아이 있죠? 우리 아이가 선우한테 매일 맞는 것 같아요. 늘 그 아이가 무섭고, 그 아이가 자기를 때린다며 원에 안 가겠다고 하거든요.”

아이들이 금방 들통 날 이런 거짓말을 엄마에게 하는 이유는 무엇일까요?

대부분의 아이들은 엄마가 관심을 보이고 또 자기가 관심 있어 하는 이야기를 대상 하나에 접목시켜서 말을 합니다. 그 대상은 대표인 제가 될 수도 있고, 친구가 될 수도 있겠지요. 즉 자기가 만만하게 보

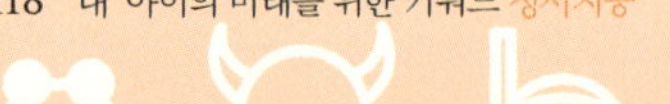
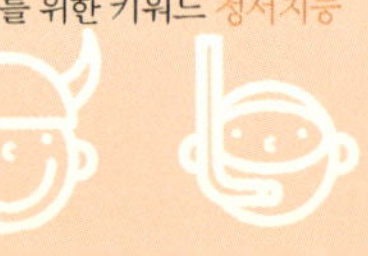

거나 또는 친해지고 싶거나 또는 나름 무섭다고 생각하는 대상에게 자신의 부정적 감정을 모두 대입하여 표현하는 것이지요.

엄마가 아이에게 '엄마가 궁금한 것' 들, 예를 들어 아이가 원에서 돌아오면 "밥 혼자 먹었니?" "다 먹었니?" "화장실은 누구랑 갔니?" "오늘 재밌었어?" "누구랑 놀았어?" "안 울었어?" 등등의 질문을 많이 하는 가정에서 자주 이런 일이 벌어지는데요.

이런 경우 아이는 "몰라." 또는 "응." 하고 짧게 대답하기 마련입니다. 아이 입장에서는 재미없고 귀찮아서 일일이 대답하고 싶지 않기 때문이지요. 엄마가 어떤 대답을 듣기 원하는지, 어떻게 대답해야 엄마가 더 이상 묻지 않는지 아이는 잘 알고 있거든요. 어떤 대답을 하면 엄마가 자신을 부드럽고 안쓰러운 눈빛으로 바라보며 관심을 보이는지도 잘 알고 있답니다.

이렇게 엄마의 관심을 얻고자 하는 욕구와 원과 같은 사회에 대한 부정적 감정을 표현하고 싶은 욕구가 서로 만나 앞에서 이야기한 거짓말을 만들어내는 것입니다. 따라서 거짓말한다고 걱정하기보다는 성장하는 과정에서 당연히 일어날 수 있는 일이라고 생각하고 아이와 대화를 나누는 것이 좋습니다.

문제는 누가 누구를 때렸느냐, 누구에게 맞았느냐가 아닙니다. 왜 우리 아이가 자신의 감정을 '친구가 때렸다.' 는 것으로 표현하느냐, 하는 것입니다. 아이에게 혹시 원에서 속상한 일이 있었는지, 혹시 원에서 누군가의 도움이 필요했던 일이 있었는지, 혹시 원에서 화가 나는 일이 있었는지 물어봐주세요. 그럼 아이가 다시 대답할 것이고, 아이의 감정을 읽은 후에 '누가 널 때렸다고 표현하기보다는 놀고 싶었다거나 내 장난감을 빼앗아 화가 났다고 표현하는 것이 더 좋다.' 는 것을 알려주세요. 그러면 아이가 자신의 감정을 더욱 솔직하게 말할 거예요. 아울러 자신이 겪은 상황을 말로 표현하는 법도 알게 될 겁니다.

아이가 떼를 써요

Q : 어제는 버스 정류장에서 애가 얼마나 떼를 쓰던지 난처해서 혼났어요. 아무리 달래도 계속 떼를 쓰는 거예요. 어찌나 창피하던지.

A : 그랬군요. 굉장히 난처하셨겠네요. 식당 같은 공공장소나 길에서 아이들이 막무가내로 떼를 쓰며 울 때가 있죠. 사람들이 힐끔힐끔 쳐다보니 엄마는 더 초조해지고, 빨리 아이가 떼를 쓰지 못하도록 만들어야겠다는 생각을 하지요. 이럴 때 엄마들이 가장 흔히 사용하는 방법이 타인의 시선을 끌어들이는 것입니다. "울지 마. 저기 아줌마 보이지? 울면 저 아줌마가 흉봐." 하고요.

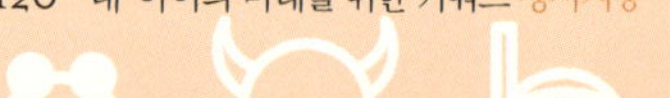

그러나 이것은 잘못된 방법입니다. 가만히 생각해 봅시다. 그 상황에서 부끄러움을 느끼는 사람은 아이가 아니라 엄마 자신 아닌가요. 아이는 자신의 눈물과 타인의 시선을 연결시키지 못합니다. 엄마의 말을 듣고 나서야 비로소 남의 표정을 살피게 됩니다.

엄마는 아이를 시선의 감옥에 가둠으로써 일시적으로 평안을 얻겠지요. 하지만 아이는 타인의 시선으로 인해 혼란에 빠집니다. 우는 행위가 왜 부끄러운지에 대해서는 생각하지 않고, 자신의 행동에 검열을 가하게 되지요.

감정을 표현하는 법을 가르쳐주지 않은 채 무조건 억누르게 만들면 결국 눈치 보는 아이로 자라게 됩니다. 감정을 표현하는 것 자체를 부끄러운 행위라고 오해할 뿐만 아니라 자신의 감정보다 타인의 시선이 더 중요하다는 생각까지 하게 되니까요. 이는 다른 사람의 편의를 배려한디기보다는 타인의 시선을 배려하는 것에 지나지 않습니다. 다시 말해 타인에게도 자신에게도 진정한 배려를 하지 못한다는 것이죠. 과연 타인이 나를 어떻게 바라보는가가 스스로 '자신'에 대해 판단하는 것보다 더 중요한 일일까요?

자기감정을 인정한다는 것, 그리고 그 감정을 내보이는 것은 매우 중요한 일입니다. 나를 알리고, 너를 받아들이는 것이야말로 사회 안에서 타인과 어울려 살아가는 데 있어 필수적인 요건입니다. 남의 시선을 의식해서 강제로 억눌러놓은 울분이나 슬픔은 언젠가는 폭발하게 되어 있습니다. 분노도 마찬가지입니다. ‘자기인식’ 수준이 높은 사람일수록 ‘타인인식’ 수준도 높다는 것을 꼭 말씀드리고 싶습니다.

아이를 남의 시선에 민감하게 반응하는 아이로 키우면 안 됩니다. 주어진 과제를 이루어냈을 때 스스로에게 만족하기보다는 타인의 칭찬을 기대하는 아이로 자라게 하면 안 된다는 뜻입니다. 남의 눈치를 보며 사는 사람이 빠지기 쉬운 감정이 바로 우울과 불안입니다. 타인의 칭찬이 기대치에 못 미치면 금세 우울해지죠. 자신이 무능력하다고 생각되니까요.

타인이 자신을 좋게 본다는 느낌을 받아도 결과는 마찬가지입니다. 일시적으로는 기쁨을 느끼지만 또 다른 불안에 시달리게 됩니다. 실망시켜서는 안 된다는 강박이 마음을 무겁게 짓누르는 것입니다. 이런 사람의 무의식 속에는 타인의 시선에 관한 강박관념이 늘 존재합니다. 또한 남이 볼 때는 잘하지만 타인의 시선이 미치지 않는 곳에서는 마음대로 행동하게 됩니다. 억지로 눌러놓은 것은 반드시 밖으로 튀어나오기 마련이니까요.

남의 시선에 지나치게 신경을 쓰면 자신은 물론 다른 사람에게도 충실할 수 없습니다. 사회적인 성공을 거두었다 해도 자신이 진정 원하는 바를 이룬 것이 아니기 때문에 끝없는 공허감에 시달리게 됩니다. 술, 담배, 약물에 손을 대는 것도 다 공허감을 채우기 위한 방법인 것이죠.

우리 아이를 타인을 의식해서 눈물을 그치는 아이로 만들지 말아야 합니다. 중요한 것은 남이 아니라 자기 자신이며, 스스로를 어떻게 평가하느냐 하는 것입니다.

Q : 그러면 어떻게 하지요?

A : 아이가 울 때는 이유가 있어 우는 것이니 이야기를 들어주는 게 좋습니다. 괜히 우는 아이는 없습니다. 부모가 자신의 마음을 이해해 준다는 사실만으로도 아이는 어려운 상황에 부딪쳤을 때 뚫고 나갈 힘을 얻게 됩니다. 어쩌면 아이가 우는 진짜 목적은 부모가 자신의 눈물에 관심을 가지고 이야기를 들어주는 데 있는지도 모르겠습니다.

그렇다고 무조건 듣기만 하라는 뜻은 아닙니다.

"네가 지금 말을 하고 싶어 하는구나."

"네가 지금 엄청 속상하구나."

"하지만 그렇다고 마구 소리치면 안 돼."

“엄마가 네 이야기를 들어줄 거야.”

등등의 말을 아이와 같은 눈높이에서, 즉 무릎을 꿇고 높이를 맞춘 후 아이의 어깨를 잡고 진심을 담아 전하세요.

아이가 겁이 많아요

Q : 어떤 부모는 아이가 가만히 앉아 있지 않고 마구 돌아다녀서 음식점에 데려가지 못한다고 하는데 우리 애는 정반대예요. 집에서는 활발하게 잘 놀고, 말도 잘하는데 바깥에만 나가면 수줍음을 타고 제 옆에 붙어만 있으려고 해요. 어디를 가도 오래 있지를 못하고 빨리 집에 가자고 조르고, 놀이터에 가서도 또래들과 어울리지 못하고 엄마만 찾아서 정말 걱정이에요.

A : 아이가 식당에서 얌전히 앉아 있는 게 싫으신 건가요?

Q : 그건 아니죠.

A : 마구 돌아다니다 길을 잃어버리거나 낯선 사람을 따라가는 것도 좋은 일은 아니죠?

Q : 당연하죠.

A : 그러면 아이가 조심성이 많다는 건 나쁘지 않은 일 같은데요.

아이가 엄마와만 있으려고 하는 것이 엄마를 지나치게 사랑하기 때문이라고 생각하는 분들이 많은데, 이는 착각일 수 있습니다. 아이는 약간 모자란 듯하게, 즉 '긍정적인 무관심' 상태에서 키워야 합니다. 지나치게 많은 관심, 즉 '부정적인 과잉' 상태에서 아이를 키우다 보면 아이의 머릿속에 엄마도 모르게 '세상은 엄마 없이 살아가기에는 정말 위험한 곳'이란 인식이 심어지게 됩니다.

예를 들어 아이가 뛰려고 하면 "뛰지 마! 다쳐!" 하고 말하고, 아이가 뭔가를 만지려고 하면 "만지지 마! 더러워!" 하고 말하고, 아이가 뭔가를 먹으려고 하면 "먹지 마! 콧물 나잖아!" 하고 말하면 은연중에 아이의 머릿속에 '세상은 위험한 곳이며, 엄마가 허락하지 않은 것은 나에게 해가 되는 것'이라는 인식이 깊이 뿌리 박혀 이러한 행동을 하지 않는 것이 습관처럼 되어버릴 수 있습니다. 따라서 말을 하기 전에 그 말이 아이에게 미칠 영향을 생각해 보세요. 그리고 아이와 대화를 나누며 아이에게 세상은 즐거운 곳이라는 인식을 심어주세요.

Q : 그래도 너무 아이들과 어울리지 못할까 봐 걱정이 돼서요.
A : 남들과 잘 어울리지 못한다는 것은 사소한 일로 다투고, 상대의 의견을 받아들이지 못하고, 자기 고집만 내세우는 것을 말합니다. 얌전해서 잘 어울리지 못한다고 생각하지 마세요. 그것은 편견입니다. 오

히려 속이 단단한 사람일수록 혼자 지내는 것을 즐기지요.

　인생 설계에 대한 컨설팅을 하고 있는 어니 J. 젤린스키는 『모르고 사는 즐거움』이라는 책에서 '걱정의 40%는 절대 현실로 일어나지 않는다. 걱정의 30%는 이미 일어난 일에 대한 것이다. 걱정의 22%는 사소한 고민이다. 걱정의 4%는 우리 힘으로는 어쩔 도리가 없는 일에 대한 것이다.' 라고 말했습니다.

　제가 이 이야기를 하는 이유는 엄마들의 고민을 들어보면 아이에게는 아무 문제가 없는데 엄마가 지레 걱정을 해서 문제를 만드는 경우가 많아서입니다. 정말 심각한 문제는 아이가 사람들에게 쉽게 다가가지 못하는 것이 아니라 남들과 함께 있게 되었을 때 자꾸 부딪치는 것이지요.

　자꾸 부딪치게 되면 아이 스스로 사람을 피하게 되고, 타인도 아이를 거부해서 뜻하지 않게 혼자가 되기도 합니다. 혼자가 되면 자연히 외로움을 느끼게 되는데, 이는 곧 마음에 상처가 생긴다는 것을 의미합니다. 마음의 상처는 몸에 생긴 상처보다 흔적이 더 오래 남고, 잘 낫지도 않습니다.

　사람을 경계하는 아이는 혹시 자신에게 좋지 못한 상황이 닥칠지도 모른다고 느끼기 때문에 미리 겁을 먹고 조심하는 것입니다. 따라서

강제로 남들과 함께 있도록 하는 것은 오히려 역효과를 가져올 수 있습니다. 그리고 아이의 태도가 마음에 들지 않는다고 해서 "너는 왜 그 모양이냐."는 식으로 꾸짖어서는 절대 안 됩니다. 자칫 하면 아이의 마음에 씻을 수 없는 상처를 안겨줄 수 있으니까요.

이런 아동의 경우, 엄마가 아이와 함께 친구와 놀 때 일어날 수 있는 여러 상황들을 예상해 보고, 그에 대한 대처방법을 연습해 보면 좋겠지요. 예를 들어 '친구 만들기'를 주제로 아이와 대화를 나누는 것입니다.

"네가 만약 친구에게 우리 집에 가서 놀자고 했는데 그 친구가 싫다고 하면 어떻게 할 거야?"

"친구가 너랑 놀고 싶어서 네 장난감을 만졌다고 하자. 그럴 때 너는 어떻게 할 거야?"

등등 충분히 일어날 수 있는 상황들에 대해 대화를 나누고, 대처방법을 연습하다 보면 긍정적인 유대관계에 대해 알게 되고, 타인에 대한 두려움이 몰라보게 줄어들 겁니다.

타인이 나에게 화를 내더라도 나를 미워해서가 아니라 자기 자신에게 어떤 문제가 있어서 그런 행동이 나올 수도 있다는 사실을 알려주

세요. 아이가 긍정적인 마음으로 세상을 바라볼 수 있도록 해주는 것이야말로 엄마가 아이에게 줄 수 있는 가장 큰 교육적 선물이지요.

또한 아이에게 꾸중 대신 격려와 칭찬을 많이 해주세요. 격려와 칭찬은 아무리 많이 해도 지나치지 않습니다. 하지만 아이가 칭찬받을 만한 행동을 하지 않았는데도 무조건 칭찬하는 것은 아무런 의미가 없습니다. "옷 정리를 잘했구나." "나무를 멋지게 그렸네." 하고 구체적인 결과를 짚어 칭찬해 주세요.

그리고 엄마인 자신도 타인 앞에서 너무 조심스럽게 행동하고 있지는 않은지 살펴보세요. 엄마가 씩씩하게 행동해야 아이도 용기를 얻어 씩씩하게 행동한다는 것, 잊지 마세요.

직장을 그만둬야 하나요?

Q : 제가 일을 해서 아이와 함께하는 시간이 많지 않아요. 아이와 잘 못 놀아주고, 신경도 많이 못 쓰고, 그래서인지 괜히 다른 아이들에 비해 뒤처지는 것 같다는 생각도 들고…. 그럴 때면 내가 누구를 위해서 일을 하나 싶은 마음이 들어요. 제가 일을 그만둬야 하는 건 아닌가요?

A : 어떤 결정을 내려야 하는 시기가 왔다는 판단을 하시는 것 같네요.

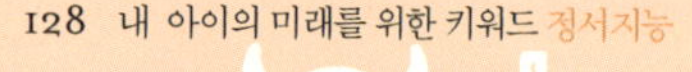

Q : 네. 아이가 두 돌이 될 때까지는 엄마가 돌봐야 한다는 이야기를 들었거든요.

A : 정확히 말하면 아이는 엄마가 돌봐야 합니다. 그렇지 않은 경우에는 '엄마'의 역할을 대신할 수 있는 사람, 즉 성숙한 인격을 가진 어른이 아이를 돌봐야죠. 조금 심하게 말하면 육아에 대한 지식이 없는 엄마나 자기감정을 잘 조절하지 못하는 엄마는 엄마가 아니라 아이인 거죠. 아이를 돌보고 키우려면 반드시 엄마로서의 자질을 갖추어야 한다는 뜻입니다.

하루 1시간밖에 함께 있어주지 못한다 해도 아이에게 충분히 사랑을 줄 수 있습니다. 서로 교감할 수만 있다면 1시간도 충분합니다. 반면에 24시간 붙어 있어도 잔소리만 늘어놓는다든가 자신의 감정을 토해 낸다면 오히려 아이에게 악영향을 끼칠 수 있습니다.

Q : 제가 1시간이라도 집중해서 아이와 잘 놀아주는 것도 같은데…. 다른 엄마들처럼 아이를 문화센터에도 데리고 다니고 싶어요. 뭐든 저랑 함께하는 게 더 낫다는 생각이 자꾸 들어서요.

A : 당연하죠. 엄마가 늘 24시간 아이 옆에 있다면 더욱 좋겠죠. 하지만 아이가 24개월이 되면 자기주장이 생깁니다. 자아가 형성되는 단계이

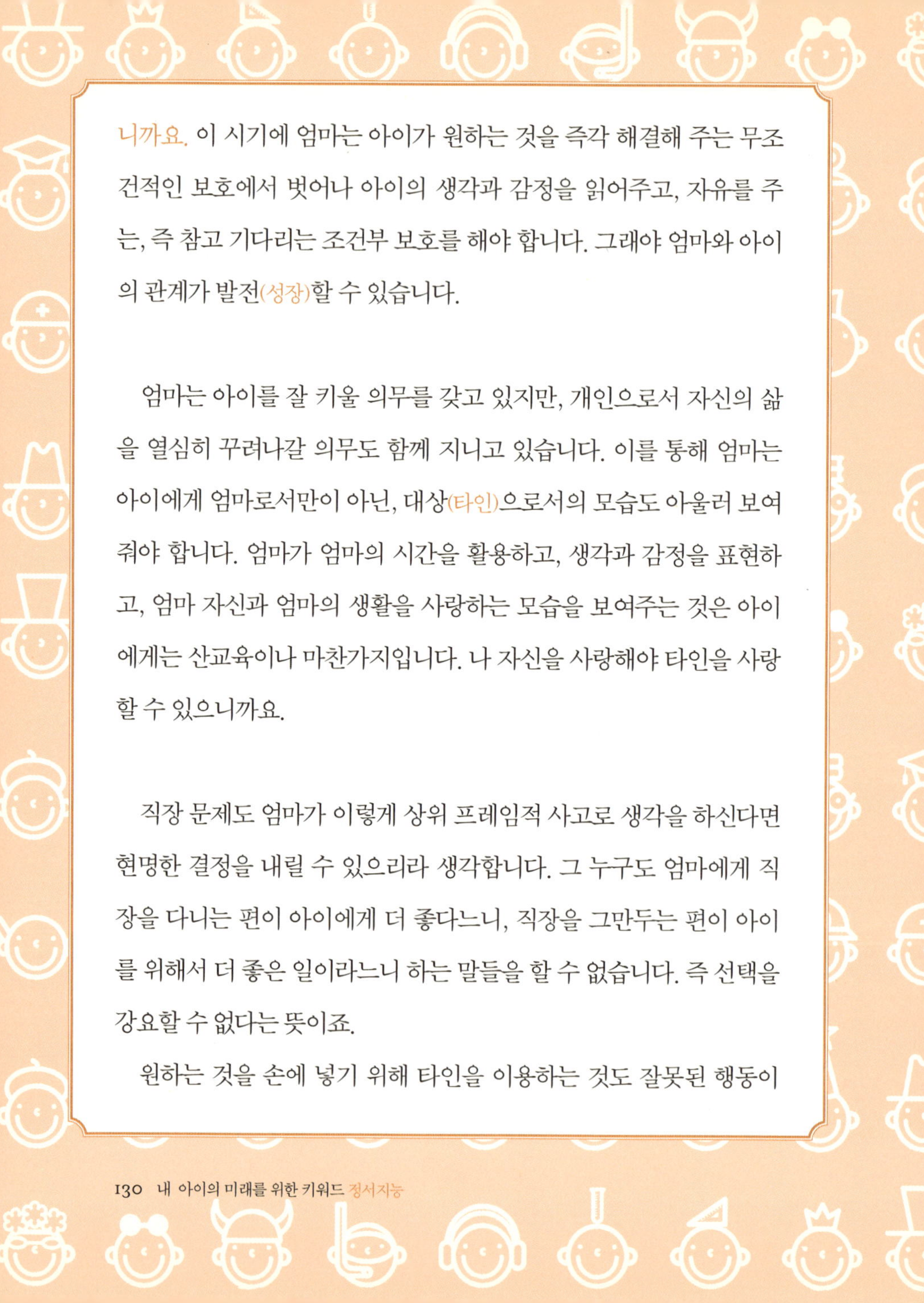

니까요. 이 시기에 엄마는 아이가 원하는 것을 즉각 해결해 주는 무조건적인 보호에서 벗어나 아이의 생각과 감정을 읽어주고, 자유를 주는, 즉 참고 기다리는 조건부 보호를 해야 합니다. 그래야 엄마와 아이의 관계가 발전(성장)할 수 있습니다.

엄마는 아이를 잘 키울 의무를 갖고 있지만, 개인으로서 자신의 삶을 열심히 꾸려나갈 의무도 함께 지니고 있습니다. 이를 통해 엄마는 아이에게 엄마로서만이 아닌, 대상(타인)으로서의 모습도 아울러 보여줘야 합니다. 엄마가 엄마의 시간을 활용하고, 생각과 감정을 표현하고, 엄마 자신과 엄마의 생활을 사랑하는 모습을 보여주는 것은 아이에게는 산교육이나 마찬가지입니다. 나 자신을 사랑해야 타인을 사랑할 수 있으니까요.

직장 문제도 엄마가 이렇게 상위 프레임적 사고로 생각을 하신다면 현명한 결정을 내릴 수 있으리라 생각합니다. 그 누구도 엄마에게 직장을 다니는 편이 아이에게 더 좋다느니, 직장을 그만두는 편이 아이를 위해서 더 좋은 일이라느니 하는 말들을 할 수 없습니다. 즉 선택을 강요할 수 없다는 뜻이죠.

원하는 것을 손에 넣기 위해 타인을 이용하는 것도 잘못된 행동이지만 타인을 위해 억지로 자신을 희생하는 것도 옳은 행동은 아닙니다. 강요나 강압에 의해서 희생하는 것과 스스로 좋아서 희생하는 것은 다르지요. 아이를 위해 즐겁게 자신을 희생할 수 있으면 아이 키우는 일이 행복하겠지만 가슴속에 온갖 짜증을 담아둔 채 마지못해 아이를 키우면 아이나 엄마 모두 불행해질 수밖에 없다는 말입니다.

일하는 엄마들의 마음에는 아이에 대한 미안함과 불안이 항상 존재하지요. 저도 그렇고요. 그래서 아이가 말썽이라도 피우면 다 자기가 아이를 잘 돌보지 못한 탓이라는 자책까지 하게 되는 거죠. 그러나 아이가 말썽을 피우는 것은 어쩌면 당연한 일입니다. 그 이유가 엄마가 직장을 다니기 때문이라고 생각해서는 안 됩니다. 아이가 말썽을 피우면 말썽을 피운 이유를 찾아야지요. 그 이유를 엄마 마음속에 있는 미안함이나 불안과 연결시키지 않는 것도 현명한 태도입니다.

하루 종일 엄마와 함께 있는 아이라고 해서 전혀 말썽을 피우지 않을까요? 물론 부모 속 썩이지 않고 알아서 자기 일을 척척 해내는 아이도 있지만 이런 아이는 극히 드뭅니다. 키우기 힘들고 어렵기 때문에 아이인 것이고, 어른이 보호하고 돌봐줘야 하기 때문에 아이인 것입니다.

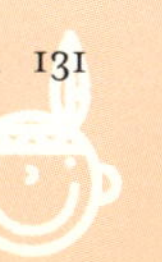

일을 하는 엄마의 경우 아이에게 함께 있어주지 못하는 이유와 떨어져 있는 동안 각자 해야 할 일에 대해 설명하고 이해시킨다면 교육적인 효과도 얻을 수 있습니다.

어른의 세계를 이해하는 아이는 그렇지 않은 아이보다 성숙하고, 생각이 유연한 사람으로 자랄 확률이 높습니다.

따라서 엄마는 계속 맞벌이를 할 것인가, 전업주부로 돌아와 육아에 전념할 것인가를 놓고 신중히 따져보고, 본인이 진정으로 원하는 것을 선택해야 합니다. 그리고 자신의 선택에 대해서는 스스로 책임을 져야 합니다. 이 또한 아이에게 교육적으로 모범이 됩니다. 다시 강조하지만 가지 않은 길에 대한 아쉬움으로 마음이 상해 있거나 불평을 늘어놓아서는 안 됩니다.

돈이 필요해서 일을 해야 한다면 일을 하십시오.

자아를 실현하기 위해서 일을 해야 한다면 일을 하십시오.

엄마 자신에게 사회적인 관계가 중요하다면 일을 하십시오.

반면에 어떤 엄마에겐 아이를 키우는 일이 그 어떤 가치보다 중요할 수 있습니다. 그런 경우라도 과연 일을 그만두는 방법밖에는 없는지, 잘 따져보시기 바랍니다.

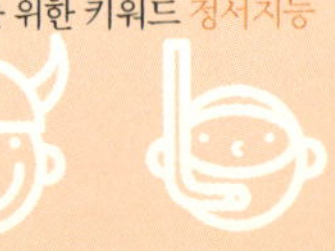

대한민국의 모든 엄마들이 아이를 잘 키우고 싶어 합니다. 직장에 다니는 엄마들도 마찬가지이고, 실제로 아이를 잘 키우는 직장 맘들도 있습니다. 딸의 경우 90% 이상이 엄마의 모습을 모델링한다고 합니다. 그렇다면 오히려 직장 맘들의 딸들이 그렇지 않은 딸들보다 사회생활을 더 열정적으로 하지 않을까요.

지금 당장이 아니라 20년 뒤를 내다보며 아이를 교육시켜야 합니다. 20년 뒤의 내 아이, 내 가정의 모습을 그리며 현명한 선택을 해야 지혜로운 엄마입니다. 최선을 다해 자신의 꿈을 이루어가는 엄마, 너무 멋지지 않습니까? 그 모습을 내 아이에게 보여주고 닮게 하고 싶지 않습니까?

대신 좋은 환경에 아이를 맡기고, 함께 있을 때 전적으로 아이에게 애정을 쏟으면 됩니다. 중요한 것은 아이와 함께 보내는 시간의 많고 적음이 아니라 주어진 시간을 얼마나 유익하게 보냈느냐 하는 것입니다. 양보다는 질이란 뜻이죠.

예전에는 혼자 힘으로 성공한 사람을 두고 '개천에서 용 났다.'는 표현을 썼습니다. 그런데 요즘에는 이 말이 상식으로 통용되지 않는 것 같습니다. 좋지 못한 환경에서 자란 아이가 사회적으로 성공하는 것이 그만큼 어려워졌다는 뜻이겠죠. 교육적이고 문화적인 환경에서,

지적으로 성숙한 부모로부터 따뜻한 보살핌을 받으며 자란 아이가 그렇지 않은 환경에서 자란 아이보다 성공할 확률이 높은 것은 당연한 현상 아닐까요.

이렇듯 육아에 있어 환경은 매우 중요한 요소입니다. 어른들은 스스로 환경을 선택할 수 있고, 어려움에 부딪쳐도 이겨나갈 수 있지만 아이들은 주어진 환경을 그대로 받아들일 수밖에 없습니다. 예컨대 아이들은 환경이 만들어나가는 구조물이라고 할 수 있습니다.

교육적으로 유리한 환경이냐 아니냐는 사실 돈보다는 아이를 돌보는 사람의 자질에 달려 있습니다. 즉 경제적으로 안정된 환경도 중요하지만 그보다 더 중요한 것이 바로 인적 환경입니다.

아이에게 물질적인 풍요로움을 제공하고, 많은 시간을 함께 보낸다고 해서 좋은 엄마가 되는 것은 아닙니다. 그보다는 주어진 시간을 알차게 보내는 현명한 엄마가 더 멋진, 그리고 아이가 바라는 엄마(보육자)가 아닐까요?

아이가 아빠만 좋아해요

Q : 작은애가 이제 25개월이 되었어요. 사내애고요. 맞벌이를 하느라 그동안 시어머니가 키우다시피 했어요. 애들 아빠가 저보다 퇴근 시간

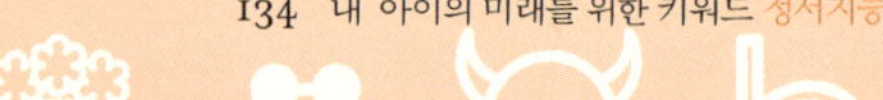

이 빠르거든요. 그래서 주로 남편이 시댁에 들러 아이를 집으로 데려왔지요.

문제는 제가 작년에 직장을 그만두면서 생겼어요. 애가 나랑 있을 때는 괜찮은데 저녁에 아빠만 집에 오면 저를 완전 찬밥 취급하는 거예요. 엄마는 거들떠보지도 않고 아빠만 찾아요. 아빠가 화장실에 가면 화장실 앞에서 울고불고 빨리 나오라며 난리를 치고요. 큰애까지 아빠만 좋아하지 뭐예요. 제가 엄마로서 뭘 못하고 있기에 그러는지, 제가 엄마 자격이 없는 건지…. 남편도 힘들어 하고, 일도 그만둔 마당에 엄마 노릇도 제대로 못 하는 저에게 너무너무 화가 나요.

A : 일도 못하고, 엄마 노릇도 못한다는 생각이 드신다니, 얼마나 마음 아프시겠어요,

Q : 당연하죠. 내 배 아파서 내가 낳은 자식인데요. 남편이 아무리 아이들을 잘 본다고 해도 솔직히 제가 더 애들한테 신경을 쓰지 않겠어요?

A : 아빠 성격이 자상하신가 봐요.

Q : 네. 그런 편이에요.

A : 애들이 아빠를 좋아하는 데에는 몇 가지 이유가 있습니다. 하루 종일 엄마와 함께 지내는 아이 입장에서는 그 시간이 지루하게 느껴질 수도 있습니다.

　더군다나 엄마는 아이가 말썽을 부릴 때마다 야단을 치고, 소리도 지르고, 화도 내죠. 그러다 저녁이 되어 아빠가 집에 오면 아이는 반갑게 맞이합니다. 뭔가 새로운 일, 재미있는 일이 일어날 것 같거든요.

　아빠는 화도 안 내고, 텔레비전도 마음대로 보게 하고, 함께 놀아주기까지 하니 싫을 리가 있겠어요. 아빠와 함께 노는 시간이 엄마와 함께 지내는 시간보다 상대적으로 짧은 탓에 아이에게는 그 시간이 늘 아쉬움으로 남습니다. 다시 말해 아이에게는 '아빠'가 그 무엇과도 비할 수 없는 '가장 재미난 장난감'이며, 아빠와 함께하는 시간은 그 어떤 시간과도 비할 수 없는 '재미난 놀이 시간'인 것이죠.

Q : 그럼 어떻게 해야 아이들이 저를 좋아할까요?

A : 일부러 노력하실 필요 없습니다. 사실은 아이들이 아빠보다 엄마를 더 좋아하니까요.

Q : 네에?

A : 아이들은 대부분 자신을 낳아주고, 길러준 엄마를 더 좋아합니다. 아빠보다 더 밀접한 애착관계가 형성되어 있기 때문이죠. 아빠가 무뚝뚝한 경우 거의 대화를 나누지 않는 집도 많습니다. 특히 사내아이들은 동성인 아빠를 경쟁상대로 생각하기도 합니다. 엄마의 사랑을 독차지하기 위해서 남자 간에 보이지 않는 싸움을 벌이는 것이지요.

　　결론부터 말하면 아이가 아빠를 좋아하는 것은 아주 바람직한 일입니다. 그러니 두 사람 사이가 더 가까워지도록 일부러라도 자리를 많이 마련해 주세요. 아이가 아빠와 자주 어울릴수록 엄마에게는 좋은 점이 많으니까요.

　　특히 아이가 둘이고, 둘째가 30개월이면 애 키우는 것이 힘들잖아요. 아이를 아빠에게 맡김으로써 엄마는 잠시나마 육아에서 벗어날 수 있고, 그 시간을 온전히 자신을 위해 쓸 수 있는 것이죠. 남편에게 "아이가 아빠만 좋아하네." 하면서 슬쩍 아이를 맡기고 쇼핑도 다녀오고, 친구도 만나세요.

　　그런데 하나만 물을게요. 정말, 진정으로 아이에게 원하는 것이 무엇인가요?

Q : …네?

A : 혹시 일을 그만둔 것에 대한 보상심리가 아이를 대하는 마음이나 태도에도 영향을 미치는 것은 아닌가 해서요. 일까지 그만뒀는데 엄마로서 할 일을 못하고 있다는 자책과 함께 아이를 잘 키우고 싶어서 일을 그만뒀는데 그 마음을 아이가 받아주지 않는 것에 대한 보상심리가 작용하고 있지는 않느냐는 뜻입니다.

　　또 그동안 일을 하느라 육아에 대한 경험이 부족할 텐데요. 그로 인해 아이를 다루는 내 모습이 아직도 어색하고 낯설게 느껴지고, 그것을 아이와 아빠에게 들킨 것 같아 억지로 포장하고 싶은 마음은 없으신가요?

예를 들어 내가 잘 모르는 무언가에 대해 사람들에게 강의를 하고 있다고 하지요. 나름 자신 있게 말하고 있지만 타인에게 자신의 부족함을 들킬 것 같은 불안감과 긴장감 비슷한 감정을 엄마도 느끼고 있지는 않으신지요.

Q : 결국 문제는 제 의식에서 비롯된다는 말씀이군요.
A : 모든 갈등과 걱정이 자신의 의식에서 시작되는 것이니까요. 엄마가 해결해야 할 문제는 아이가 엄마를 싫어하면 어쩌나, 남편이 나를 엄마 노릇도 제대로 못하는 여자라고 생각하면 어쩌나 하는, 아직 일어나지 않은 일에 대한 것이 아닙니다. 지금의 내 모습이 기대치에 못 미쳐서 걱정을 하고 있는데, 그것을 정확하게 표현하지 못하고 아이와 아빠에게 들킬까 봐 두려워하고 있는 마음의 문제를 해결해야 하는 거죠.
Q : 생각해 보니 엉뚱한 것을 걱정하고 있었네요.
A : 그럼요. 아이가 엄마를 더 좋아하든 아빠를 더 좋아하든 그건 걱정할 문제가 아닙니다. 애를 남에게 맡기는 것도 아니고, 아빠한테 맡기

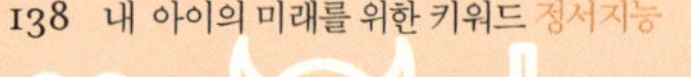

는 건데 무슨 걱정이에요. 아무리 아빠를 찾아도 애들에게는 엄마가 최고예요.

주위를 보면 "엄마가 좋아, 아빠가 좋아?" 하고 묻는 부모들이 많습니다. 아이들을 이분법적인 사고에 젖게 하고, 심적으로 갈등 상황에 빠뜨리기 때문에 좋지 않은 질문이라는 것을 알면서도 이렇게 묻습니다. 이때 엄마인지 아빠인지 분명하게 대답하는 아이가 있는가 하면 한참 고민하다 둘 다 좋다고 대답하는 아이도 있습니다.

아이 입장에서는 엄마가 잘해 줄 때는 엄마가 좋고, 아빠가 잘해 줄 때는 아빠가 좋겠죠. 다시 말해 아이도 자기 마음을 잘 모릅니다. 엄마는 보호자로서 자신에게 한없는 애정을 쏟아 부으니까 당연히 좋지만 (좋아해야 하지만), 한편으로는 잔소리를 하고 야단도 치니 피하고 싶은 존재이기도 하죠.

빈면에 이빼는 엄미보다 신경은 덜 써주지만 그만큼 잔소리를 적게 하고, 실수했을 때 너그럽게 대하는 편이어서 아빠로부터는 이해받는다는 느낌을 받을 수 있습니다.

아이가 엄마 아빠 중에서 누구를 더 좋아하느냐, 하는 것은 중요한 문제가 아닙니다. 부모와 자식은 혈연으로 맺어져 있기 때문에 사랑이 쉽게 끊어지지 않습니다. 엄마를 좋아한다고 해서 아빠를 미워하지는 않는다는 뜻입니다.

따라서 부모는 아이들의 환심을 사려고 노력할 필요가 없습니다. 아이들이 상처받지 않도록 주의하기만 하면 됩니다. 자식을 소유물로 생각해서 사사건건 간섭하거나, 아이들 스스로 무언가를 선택할 기회를 빼앗거나, 남의 집 자녀와 비교해서 자기 아이를 꾸짖거나 비난하는 행동은 결코 하지 말아야 합니다. 이런 것들만 피한다면 특별히 노력하지 않아도 아이는 엄마와 아빠 모두 좋아하고, 나아가 존경할 겁니다. 혹시 나중에 아이가 너무 엄마만 좋아한다고 또 걱정하시는 건 아니실 테죠? (웃음)

엄마 아빠가 싸우는 것을 봤어요

Q : 어제 남편과 싸웠어요. 애 아빠가 고등학교 교사라 야간자율학습 감독을 마치고 집에 오면 11시가 넘을 때가 많거든요. 그런데 어제는 술까지 먹고 더 늦게 들어온 거예요.

A : 그래서 표정이 어두웠군요. 남편 분이 자꾸 늦으니 왜 화가 안 나시겠어요. 얼마나 늦으셨는데요?

Q : 새벽 2시쯤에 왔어요. 이번에는 그냥 넘어가면 안 되겠다는 생각

이 들어 얘기를 시작했는데 어쩌다 보니 언성이 높아져서 물건까지 던지게 되었어요.

제가 바로 옆에 있는 휴지를 집어던지니까 이 사람이 글쎄 선풍기를 발로 차잖아요. 그래서 저도 어디 한번 해보자는 거냐며 이것저것 막 집어던졌어요. 그런데 갑자기 우는 소리가 들리는 거예요. 정신을 차려 보니 잠에서 깬 아이가 울고 있더군요.

A : 애가 놀랐겠군요.

Q : 네. 그래서 걱정이 돼서요. 애들 앞에서 싸우면 안 된다면서요.

A : 아이가 상처를 받았을까 봐 걱정되시겠어요. 아이들은 엄마 아빠가 싸울 때 특히 예민해지죠. 아이들에게 있어 부모란 자신들이 믿고 의지할 만한 유일한 존재이기 때문이죠.

부모가 감정을 다스리지 못하고 언성을 높이면 아이는 본능적으로 위험한 상황에 처했다고 느낍니다. 특히 엄마가 울게 되면 아이는 엄마를 약자로 인식하고 위로하려 합니다. 아이 나름대로 집안 분위기를 좋게 만들려고 노력하는 것입니다.

이런 일이 되풀이되면 아이의 정서에 문제가 생깁니다. 아이란 어른으로부터 보호받고 위로받는 존재인데 거꾸로 어른을 위로하려면 자신의 감정을 억압할 수밖에 없습니다. 그 감정은 두려움일 수도 있

고, 울분일 수도 있습니다.

또한 자기가 두려움이나 울분을 내뱉으면 엄마 아빠가 똑같이 공격적인 행동을 할 것이라는 두려움까지 보태져 더욱 감정을 억제하게 되죠. 이러한 감정은 내면에 쌓여 있다가 어느 순간 과격한 말이나 행동으로 표출됩니다.

그렇다고 부부 간에는 절대 싸움을 해서는 안 된다는 말이 아닙니다. 어떻게 안 싸울 수 있습니까? 가능한가요?

Q : 부부싸움 안 하는 부부가 어디 있겠어요.
A : 그렇죠? 자라온 환경이나 성격이 다른 두 사람이 부부로 살면서 싸움을 하지 않는다는 것은 거의 불가능한 일이지요. 아이에 대한 이야기는 조금 있다가 하고, 부부싸움에 대해서 더 대화를 나눠 보기로 하지요.

사람은 다른 사람에게 부당한 대접을 받으면 누구나 화가 납니다. 상대가 남편(또는 아내)이라고 해서 다르지 않습니다. 그럴 때는 화를 내야 합니다. 무조건 참고 넘어가는 것은 좋은 방법이 아닙니다. 상대방을 진심으로 이해한다면 참아도 별 문제가 없지만 참기 힘든 울분을, 한여름 오이지 누르듯 꾹꾹 눌러놓으면 부글부글 끓다가 언젠가

는 폭발하기 마련입니다.

이처럼 극단적인 상황으로 치닫기 전에 상대방에게 자신의 기분을 표현하고, 함께 사는 사람으로서의 예의를 지켜달라고 요구하는 것은 정당한 일입니다. 이럴 때 부부싸움은 독이 아니라 부부관계에 기름 칠을 하는 약이 되는 것이지요. 즉 부부싸움을 하더라도 요령 있게 해야 한다는 뜻입니다. 감정을 주체하지 못해 상대방을 비난하고, 모든 원인이 상대방에게 있는 것처럼 몰아붙여서는 안 됩니다.

"이건 누가 봐도 명백하게 당신이 잘못한 거야."라고 말하는 것은 오만입니다. 내 의견이 옳다는 생각은 어디까지나 내 생각일 뿐입니다. 상대방의 입장에 서서 그의 처지를 헤아려보세요. 아니 그전에, 왜 내가 상대방을 다그치는지에 대해 생각해 보세요. 왜 남편 분이 미운 걸까요?

Q : 대표님도 이시디시피 나 혼자 애를 만든 건 아니잖아요. 하루 종일 애랑 있다 보면 답답하고 힘들기도 한데 자기만 친구 만나고, 술 먹고, 할 거 다 하니까 얄미운 거죠.

A : 그게 전부인가요?

Q : 그리고 몸 생각도 해야죠. 아침 일찍 나가서 밤늦게까지 일하느라 피곤할 텐데 술까지 먹으니 몸이 배겨나겠어요? 하루 종일 눈이 빨개

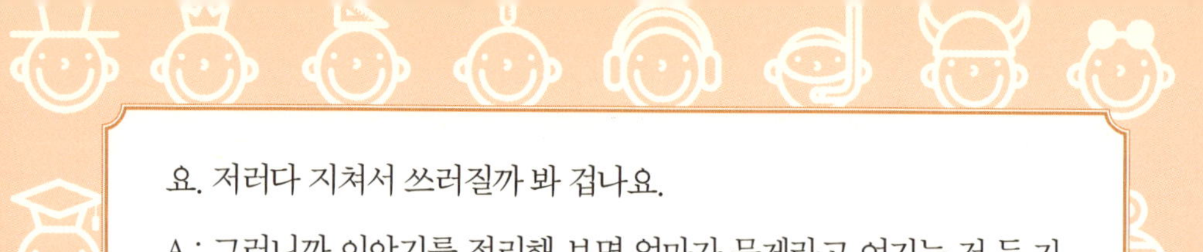

요. 저러다 지쳐서 쓰러질까 봐 겁나요.

A : 그러니까 이야기를 정리해 보면 엄마가 문제라고 여기는 건 두 가지군요. 첫째는 혼자만 즐기는 남편이 얄밉다는 것, 둘째는 남편이 걱정된다는 것.

첫 번째 문제부터 생각해 볼까요?

지금은 엄마가 손해를 보는 것 같지만 조금만 기다리면 여유 있는 삶을 즐길 수 있어요. 점심 무렵, 교외에 있는 음식점에 가 보세요. 여자 손님이 대부분일 거예요. 아이들이 학교에 들어갈 나이가 되면 엄마에게도 여유가 주어져요. 그때 운동도 다니고, 영화도 보고, 친구들끼리 밥도 먹고 그러세요. 남자들은 죽었다 깨도 그런 일 못할 거예요.

그러니 억울하다는 생각은 잠시 접어두고, 아이들에게 엄마가 절대적으로 필요한 시기인 만큼 한시적으로 봉사한다고 생각하세요. 저는 아이에게 하듯 남편에게도 참고 기다려주는 것이 가장 현명한 방법이라고 생각해요.

두 번째 문제는 남편의 건강이잖아요?

결국은 남편을 위하는 마음에서 걱정을 하는 거죠. 따라서 걱정하는 마음이 원망하는 마음으로 표현되지 않도록 신중하게 언어를 고를

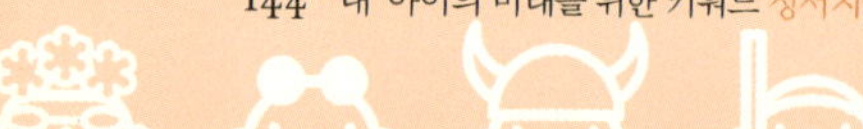

필요가 있어요. 화를 내도 좋지만 중요한 것은 자신의 상태만 말해야 한다는 겁니다. 남편 분을 원망하다 보면 애초에 생각했던 의도가 빗나가거든요.

이럴 때는 아이-메시지를 이용해 보세요. "나는 당신이 건강을 해칠까 봐 걱정돼."라고 말하면 남편은 '아, 이 사람이 날 걱정하고 있구나.'라고 생각하지만 "그렇게 술 마시다가 나중에 아프면 어떡하려고 그래?"라고 화난 목소리로 말하면 남편은 '이 사람이 날 싫어하는구나.' 하는 생각을 하게 됩니다. 같은 의미의 말인데도 듣는 사람 입장에서는 그 내용이 전혀 다르게 들리는 것이지요. 자, 이제 다시 아이 얘기로 넘어갈까요?

Q : 네. 그럼 아이는 어떻게 하죠? 저희가 싸우는 것을 봤는데.
A : 자주 싸우면 얘기가 달라지지만 사이좋은 부부가 어쩌다 한번 다툰 것은 큰 문제가 되지 않습니다. 서로에 대한 감정이 좋지 않은 부부가 하루 잘 지낸다고 해서 아이들이 사이좋은 부부로 보나요? 아니잖아요. 또 아이들도 부모가 왜 다투는지 이해하고, 감정적으로 힘든 상황을 이겨낼 수 있어야 해요. 살다 보면 어떻게 좋은 일만 있겠어요.

부부싸움 하는 모습을 아이에게 보이지 않으려고 애쓰지 마세요. 보이셔도 됩니다. 하지만 당부하고 싶은 것이 있는데, 앞으로 부부싸

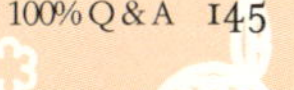

움을 할 때는 다음 세 가지는 꼭 지켜주셨으면 해요.

첫째, 던지거나 때리는 등 공격적인 행동은 하지 마세요.

아무리 상대가 잘못했다고 해도 물건을 집어 던지거나 어떤 것으로도 때려서는 안 됩니다. 이유가 있어서 싸운다고 해도 이런 모습은 아이에게 이해받을 수 없으니까요. 또한 아이가 친구를 때리거나 치고받고 싸우거나 친구에게 모래를 집어 던져도 부모는 야단칠 자격을 잃게 됩니다. 이 부분에 대해서 남편과 충분히 대화를 나누시고 약속을 정해 지키세요. 이는 단지 아이를 위한 일만은 아닙니다. 행복한 가정을 꾸미고 싶다면 엄마 아빠가 반드시 지켜야 할 사항입니다.

둘째, 먼저 듣고 나중에 얘기하세요.

세상을 살아가다 보면 사람과의 갈등은 늘 일어나기 마련입니다. 이때 '대화'의 기술을 잘 활용하면 갈등을 쉽게 해결할 수 있고, 좋은 인간관계를 유지해 나갈 수 있습니다. 그 시작이 바로 가정 구성원들과의 대화입니다. 먼저 듣고 나중에 얘기하세요. 그러면 감정이 격해질 이유가 없습니다. 무턱대고 화를 낼 때 갈등은 더 깊어집니다.

셋째, 싸운 뒤에는 화해하는 모습도 아이에게 보여주세요.

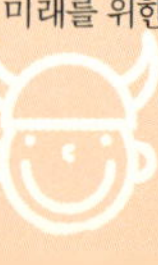

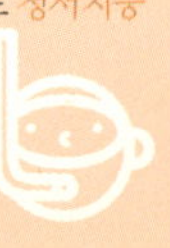

부부싸움이라는 단어는 좀 과격하니 엄마와 아빠의 갈등이라고 표현하죠. 엄마 아빠가 갈등을 겪는 모습을 보여주었다면 슬기롭게 대화로 해결하고 화해하는 과정도 보여주세요. 이러한 과정을 직접적으로 보고 느끼고 체화한 아이는 앞으로 살면서 사람들과 갈등이 생겼을 때 지혜롭게 해결할 수 있습니다. 또한 사람들과의 관계를 주도적으로 이끌어나갈 수 있는, 리더로서의 자질도 자연스럽게 익히게 된답니다.

4세 아동의 경우

아이가 인사를 잘 안 해요

Q : 우리 애는 인사성이 없는 것 같아요. 어떻게 하면 좋을까요?

A : 그래요? 평소에 보면 인사를 잘하던데 언제 인사를 안 했나요?

Q : 엘리베이터에서 만난 어른이 쳐다보는데도 인사를 안 하고 제 뒤에 숨잖아요.

A : 누굴 만나셨는데요?

Q : 자주 보는 위층에 사는 아저씨요.

A : 아이가 남자를 무서워하는 건지도 모르죠. 다른 아저씨한테도 인사를 안 하나요?

Q : 글쎄요… 아, 생각해 보니 슈퍼마켓 아저씨한테는 인사를 잘하는 것 같아요.

A : 그래요? 그럼 인사성이 없는 건 아니네요. 남자를 무서워하는 것 같지도 않고요. 이렇게 하면 어떨까요. 둘이 있을 때 아이에게 물어보는 거예요.

"그 아저씨가 엘리베이터 타서 기분이 나빴어? 아니면 아저씨가 쳐다보는 게 부끄러웠어?” 그럼 아이가 자기 생각을 말할 거예요. 인사를 안 하는 데는 여러 가지 이유가 있거든요. 아이가 수줍음이 많아서 그럴 수도 있지만 조심성이 많아서 그럴 수도 있어요.

자기에게 별 관심이 없는 슈퍼마켓 아저씨는 안전하다고 느껴 스스럼없이 대하고, 늘 자기에게 관심을 보이는 위층 아저씨에겐 나름대로의 감정이 생긴 것이죠. 그 감정이 좋은 쪽으로 자리한 게 아니라 무섭거나 싫거나 긴장되거나 날 몰라줬으면 하는 쪽으로 자리 잡은 거겠지요.

그런데 그보다 먼저 알아야 할 것은, 문제는 엄마 입장에서 인사를 생각한다는 데 있다는 것입니다. 아이가 인사를 잘하느냐, 하지 않느냐에 초점을 맞추고 보니까 아이가 인사를 안 한다고 느끼는 것이죠. 많은 엄마들이 아이기 인사를 하지 않았을 때 예민하게 반응하는 이유는 인사성이 밝아야 좋은 인간관계를 맺을 수 있다고 믿기 때문입니다. 심지어 인사성을 갖췄는지의 여부가 가정교육의 수준을 보여주는 것이라고 여기기도 합니다.

물론 인사를 잘하는 것은 아주 중요한 일입니다. 하지만 무성의하게 고개만 까닥거린다거나 마지못해 억지로 하는 인사를 상대방이 좋게 받아들일까요? 마음이 담겨 있느냐 없느냐하는 것은 사소한 것처

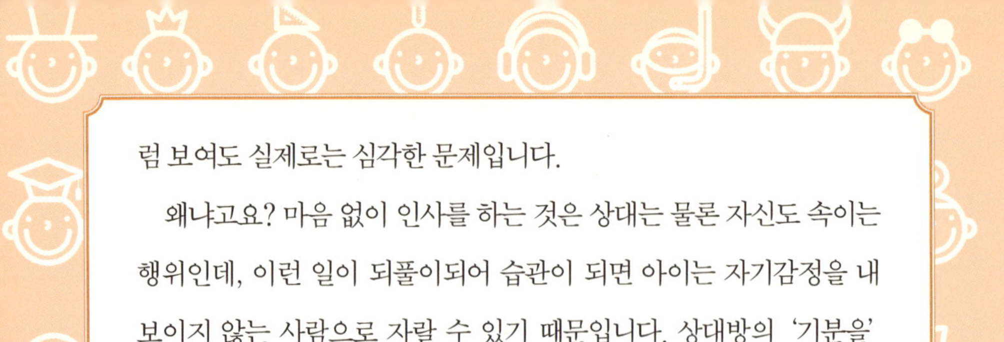

럼 보여도 실제로는 심각한 문제입니다.

왜냐고요? 마음 없이 인사를 하는 것은 상대는 물론 자신도 속이는 행위인데, 이런 일이 되풀이되어 습관이 되면 아이는 자기감정을 내보이지 않는 사람으로 자랄 수 있기 때문입니다. 상대방의 '기분을' 배려하는 사람이 되는 것이 아니라 '기분만' 배려하는 사람이 된다는 말입니다. 이렇듯 아이에게 '인사만' 강요하면 역효과를 불러일으킬 수 있습니다.

아이의 행동에 문제가 있다고 느껴질 때는 먼저 아이가 어떤 상황에서 그런 행동을 하는지 살펴보세요. 그래도 잘 모르겠다면 아이에게 물어보세요. 아이의 입에서 뜻밖의 대답이 나올지도 모릅니다.

"나는 그 아저씨가 싫어. 나만 보면 자꾸 웃어."

하고 말하는 아이도 있을 겁니다. 이처럼 아이에게 물어보면 전혀 생각지도 못했던 부분을 알게 될 수 있습니다.

아이의 마음에 관심을 가져주세요. 그러면 아이의 내면에 자리 잡고 있을지도 모르는 불안감이나 초초함 같은 부정적인 감정들은 대부분 사라지게 됩니다. 엄마의 관심을 받으며 자란 아이는 자신이 고유한 존재이고, 소중한 존재라는 사실을 인식합니다. 이런 경험들이 쌓이고 쌓여야 타인과도 긍정적인 관계를 맺을 수 있습니다.

모든 것을 긍정적으로 생각하고, 자신감 있게 행동하는 아이는 인기가 많습니다. 그래서 친구들이 잘 따르고, 생일 파티 같은 행사에도 자주 초대받게 되는 것이죠. 이런 아이는 가만있어도 사람들이 모여드는 매력적인 어른으로 성장합니다.

엄마가 아이보다 아이를 더 잘 안다고 생각한다면, 그것은 크게 잘못된 판단입니다. 당신의 아이는 당신이 생각하는 그 아이가 아닐 수도 있습니다.

공주가 되고 싶어 해요

Q : 우리 애 때문에 걱정이에요. 다른 애들은 커서 가수가 되겠다, 선생님이 되겠다, 꿈이 구체적인데 우리 애는 나중에 커서 공주가 되겠다지 뭐예요.

A : 그래서 뭐라고 하셨는데요?

Q : 그냥 "그러냐?" 하고 말았죠. 말도 안 되는 소리 하지 말라고 하고 싶은 걸 억지로 참았어요.

A : 잘하셨어요. 애들이 말 되는 소리만 골라서 하는 것도 이상한 거죠.

Q : 그럼 이대로 놔두어도 될까요?

A : 놔두다니요. 따님이 아름다운 것을 구별할 줄 아니 칭찬을 해주셔

야죠.

Q : 네에?

A : 제 말이 잘 이해가 안 되시죠? 좀 더 들어보세요. 아이가 공주가 되겠다는 생각을 하는 것은 정상적인 발달과정을 밟고 있다는 증거입니다. 4,5세 아이들은 어른이 느끼는 감정을 거의 그대로 느끼고, 아름다운 것과 추한 것을 구별할 수 있거든요.

아름다움을 아름답다고 느끼는 것에서 머무르지 않고 아름다운 사람이 되겠다고 하니 다른 아이보다 심미안이 뛰어날 뿐만 아니라 도전하는 자세까지 갖추고 있다고 할 수 있지 않을까요?

Q : 그래도 아이가 허황된 생각을 하는 건 좋은 게 아니잖아요?

A : 어머니, 설마 아이가 진짜 공주가 될까 봐 걱정하는 건 아니시죠?

Q : 그건 아니죠. (웃음) 우리나라에서는 공주를 하고 싶어도 할 수 없잖아요.

A : 그럼 걱정할 것 없네요. 아이는 자라면서 수없이 많은 경험을 합니다. 그 경험을 통해 누군가를 롤 모델로 삼고, 이를 바탕으로 자신의 미래를 결정하게 되죠. 아이들 중에는 어릴 때 품었던 꿈을 어른이 될 때까지 가져가는 친구도 있지만 대부분은 이런저런 이유로 꿈을 바꿉니다.

엄마가 물을 때마다 아이가 자신의 꿈을 다르게 말한다고 걱정하지 마세요. 그만큼 '생각이 확장되고, 유연해지며, 다양해진다.'는 뜻이니까요. 열심히 생각하고, 또 그 생각을 잘 표현하는 아이로 성장하고 있다는 것이죠.

물론 세상에 대해 알아가면서 차츰 꿈을 현실적으로 조정하게 됩니다. 그러다 크고 단단한 현실의 벽에 부딪혀 상처를 입고, 좌절하기도 하고요. 이때 부모는 아이를 부축해서 일으키고, 올바른 방향으로 나아가 꿈을 이룰 수 있도록 도와주어야 합니다. 아이가 다양한 꿈을 갖고, 직업이 아니라 목적가치의 꿈을 이룰 수 있도록 자주 질문을 던져야 합니다.

예를 들어 공주가 되겠다고 하면 "그래? 넌 아름다운 사람이 되고 싶구나." 하고 목적가치인 '아름다움'에 대해 알려주세요. 그런 다음 '또'라는 단어를 써서 계속 질문을 던지세요.

"또 어떤 아름다운 사람이 되고 싶어?"

이때 아이가 "응… 간호사처럼 하얀 옷을 입은 사람도 아름다워." 하고 말할 수 있습니다. 그러면 "넌 아픈 사람을 위로하는 사람도 되고 싶구나." 하고 '위로'라는 목적가치에 대해 또 알려주세요.

이런 식으로 계속 질문을 던져보세요. 아이는 공주와 간호사에 이어 또 다른 생각을 하게 될 것이고, 아름다움과 위로 이상으로 가치 있는 것들을 말할 수 있으니까요.

한 가지 더 말씀드린다면 "너에게 아름답다는 건 어떤 의미냐?"는 질문을 해보세요. 4세 아이가 대답하기에는 너무 어려운 질문이라는 생각이 드시죠? 그런데 어른이 생각하기에 어려운 것이지 아이에겐 너무나도 편안하고 쉬운 질문이랍니다. 아이는 놀라울 정도로 새로운 생각을 말할지도 모릅니다. 그러면 아이를 마음껏 칭찬해 주세요.
"넌 어쩜 그렇게 멋진 생각을 할 줄 아니?"
"넌 뭐든 될 수 있는 아름다운 사람이야."
하고요. 아이와 '가치'에 대한 대화를 많이 나눠 생각을 깊게 또 다양하게 하는 아이, 그래서 꿈도 비전도 희망도 스스로 습관적으로 만들 줄 아는 아이로 키우시기 바랍니다.

세계 최초로 지구에서 가장 높은 에베레스트(8848m)를 정복한 애드몬드 힐러리 경을 아시지요? 힐러리 경은 에베레스트 등반에 실패했을 때 그에 관한 연설을 부탁받았습니다. 연단에 오른 힐러리 경은 사람들에게 에베레스트가 얼마나 험하고, 오르기 어려운 산인지 설명했지요. 연설이 끝난 후 한 사람이 물었습니다.

"그럼 당신은 두 번 다시 에베레스트에 오르지 않을 겁니까?"

그러자 힐러리 경은 다음과 같이 대답했습니다.

"아니오. 나는 다시 오를 겁니다. 그리고 반드시 성공할 겁니다. 에베레스트는 자랄 대로 다 자랐지만 내 꿈은 아직도 계속 자라고 있으니까요."

무엇보다 중요한 것은 아이가 꿈을 잃지 않고 키워나갈 수 있도록 돕는 것입니다. 하지만 아이가 자라면서 현실의 높은 벽에 부딪치거나 자신의 역량이 부족하다는 것을 느껴 자신감을 잃고 방황할 때도 있을 겁니다. 아니, 반드시 있습니다. 있어야만 하고요. 이런 경우 아이가 어릴 때 아이와 주고받았던 목적가치의 대화를 다시 시작해서 아이의 머릿속에 확신을 심어주세요. 이렇게 말해 보세요.

"네가 네(다섯) 살 때 넌 이런 말을 했었지. 엄마는 그때 네가 말한 가치를 실현하기 위해 어떤 일이든 해낼 수 있고, 또 실현할 수 있다고 믿어. 중요한 것은 무엇을 하느냐가 아니야. '무엇을 위해' 하느냐가 중요한 거야."

아이가 지나치게 깔끔해요

Q : 애가 너무 깔끔을 떨어서 걱정이에요.

A : 깔끔하면 좋은 거 아닌가요?

Q : 깔끔한 것도 정도가 있어야죠. 뭐든지 제자리에 놓여 있지 않으면 불안해하거든요. 심지어 양말의 무늬가 비뚤어졌다면서 마음에 들 때까지 바로잡기도 해요. 그래서 저까지 회사에 지각할 때가 많아요.

A : 하루 종일 깔끔을 떠나요?

Q : 대체로 그런 편인데 아침에 더 심해요.

A : 엄마가 일을 하시지요?

Q : 네, 아침 일찍 아이를 유치원에 데려다주고 나서 저도 회사에 가요.

A : 아이가 너무 깔끔해서 걱정, 그리고 아침에 유난히 심해서 더 걱정이군요.

Q : 네. 맞아요,

A : 그렇다면 아이가 깔끔한 것이 왜 걱정이 될까요?

Q : 신발도 휙 벗어버리고 들어와야 아이다운데 우리 아이는 얌전히 벗어서 늘 제자리에 놓거든요. 가방도 늘 제자리에 놓고, 옷도 자기가 꼭 개켜야 해요. 우유를 먹다가 흘리면 바로 닦고, 장난감이 어질러져

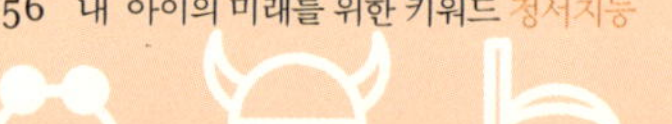

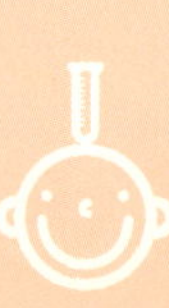

있으면 안 되고요. 아무튼 다른 아이들과는 많이 달라요.

A : 네. 엄마 입장에선 걱정이 되시겠네요. '아이답다＝어지른다.' 로 보는 견해를 갖고 계시다면 당연히 걱정되시겠죠. 하지만 '자기관리를 잘하는 아이가 성공한다.' 는 견해를 갖고 계시다면 오히려 기뻐할 일이겠지요. 어머님도 아주 깔끔하신 편이죠?

Q : 사실은 시어머니께서 제가 출근하고 없는 동안 아이를 봐주시는데 너무 깔끔하세요. 저도 좀 그런 편이고요.

A : 그럼 아이가 깔끔한 것을 아이의 기질이라고 생각하고 당연한 일로 받아들이시면 어떨까요. 어머님도 아침에 화장을 하고 옷차림을 단정하게 하시죠? 아마 매일 그런 모습을 보여주실 거예요. 그러니 아이는 자연스럽게 엄마를 따라 하는 것이죠.

그리고 제가 보기에는 아이가 아침에 더 신경을 쓰는 것을 걱정하기보다는 엄마가 회사에 늦을까 봐 걱정하는 것 같아요.

그것은 또 다른 문제인데 엄마가 아침에 시간을 적절히 배분해서 사용하시면 해결될 것 같아요. 시간을 내서 아이가 자기 모습에 만족할 수 있도록 도와주시라는 뜻입니다.

Q : 그렇군요. 너무 단순한데요? (웃음) 대표님 말씀대로 아침에 아이

에게 조금 더 시간을 할애해야겠어요. 아이는 아직 몸단장 하는 일에 서투니까요.

A : 네! 명쾌하시네요. 그런데 혹시 아이가 엄마랑 헤어지기 싫어서 시간을 끄는 건 아닌지에 대해서도 고민해 보시고 주의 깊게 아이 마음을 읽어보세요. 만약 아이가 엄마랑 헤어지기 싫어서 그런 거라면 정서적으로 좀 더 관심을 갖고 보살펴야 하니까요.

아이가 저의 나쁜 점만 닮으려 해요

Q : 걱정이에요. 아무래도 우리 아이는 공부에 흥미가 없는 것 같아요.

A : 애가 공부에 흥미가 있는지 없는지 어떻게 아시지요?

Q : 한글을 가르쳤는데 글자 개념을 잘 이해하지 못하더라고요. 숫자를 익히는 데도 시간이 오래 걸렸고요. 공부에는 소질이 없는 것 같아요. 아이 아빠가 그러는데 자기도 어렸을 때 배우는 과정이 남들보다 느렸대요. 사실은 저도 그다지 공부를 잘하지 못했거든요. 애가 부모를 닮을까 봐 걱정이에요.

A : 그렇군요. 그런데 재미있는 것은 어렸을 때 공부를 잘했던 엄마들은 아이가 공부를 못하면 '나는 잘했는데 애는 왜 못할까, 누굴 닮아 이런 걸까?' 하는 생각에 초조해한다는 겁니다. 제가 보기엔 엄마는

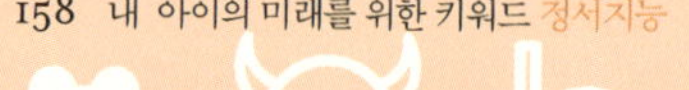

아이가 '엄마를 닮을까 봐' 걱정한다기보다는 아이가 '엄마를 닮아 공부를 못할까 봐' 걱정하시는 것 같아요.

Q : 그것도 그렇고, 화도 잘 내고…. 아무튼 부모의 나쁜 점만 골라서 다 닮은 것 같아요. 특히 공부는 더 신경 쓰이는 것이 사실이에요.

A : 아이들을 키우다 보면 가끔 내 맘대로 안 된다는 생각이 들지요. 특히 아이의 학업 속도가 다른 아이보다 느릴 때 답답함을 느끼고, 또 초조해지지요. 이는 '아이가 공부를 잘하느냐, 못하느냐에 따라 아이의 미래가 바뀐다.'는 잘못된 고정관념을 갖고 있기 때문입니다.

물론 공부를 잘하면 좋은 대학, 좋은 학과에 갈 확률이 높은 것도, 공부를 잘한다는 것이 성공의 문을 열 수 있는 열쇠가 될 수 있다는 것도 사실입니다. 하지만 우리는 공부를 잘하면 성공할 가능성이 많긴 하지만, 공부만 잘해서는 행복하게 살 수 없다는 것을 알아야 합니다.

정말 중요한 것은 내가 원하는 일, 좋아하는 일을 하는 것입니다. 확실한 동기부여가 없는 상태에서 좋은 대학에 가려고 공부만 하는 것은 위험한 짓입니다. 어쩌다 목표를 이루었다고 해도 그것이 자신이 원하는 진짜 목표가 아니었다는 사실을 깨닫는 순간, 아이는 의욕을 잃고 방황할 수 있습니다. 생각해 보세요. 얼마나 혼란스럽겠습니까?

많은 시간 열심히 노력했는데 처음부터 다시 시작해야 한다니, 얼마나 억울하겠습니까?

그래도 아이가 공부 잘하기를 원한다면 아이를 다그치기 전에 먼저 자신의 마음부터 들여다보세요. 많은 교육학자들이 아이가 공부에 흥미를 보이지 못하는 이유 중 하나로 부모의 불안감을 들고 있습니다.

부모가 지나치게 불안해하면 아이들은 그 불안에 짓눌려 지낼 수밖에 없습니다. 아이들은 굉장히 눈치가 빠르거든요. 따라서 좀 거칠게 말하면 그것은 아이들의 꿈을 죽이는 행위라고 할 수 있습니다. 혹시 책을 좋아하세요?

Q : 뭐, 별로….

A : 그렇다면 아이가 책을 좋아하고 늘 가까이 하는 것이 공부 잘하는 지름길이라는 의견에 동의하시나요?

Q : 당연하죠.

A : 교육은 가르치는 게 아니라 보여주는 것이라는 의견은요?

Q : 동의해요.

A : 그럼 보여주세요. 공부도 소질입니다. 소질을 개발하기 위해선 엄마가, 아빠가 책 읽는 모습을 자주 보여주시고, 뭔가를 생각하는 모습, 무엇인가를 알려고 찾는 모습, 아이의 생각을 읽어주려고 애쓰

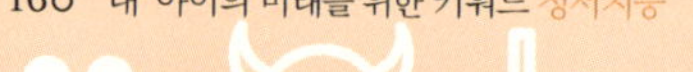

는 모습을 보여주세요. 공부 못할까 봐 두려워하는 모습 말고 아이에게 바라는 바로 그 모습을 지금부터라도 보여주세요. 행복도 습관입니다.

아이가 행복하게 살 수 있게 하려면 부모가 행복한 모습을 보여줘야 합니다. 많은 사람들이 해답은 가까운 곳에 있는데, 지금 바로 실천할 수 있는데 먼 곳을 빙빙 돌며 찾아 헤매지요.

Q : 그렇긴 하지요. 그런데 저도 습관이 붙지 않아서 실천하기가 쉽지 않아요. 그래서 더 아이가 저를 닮을까 봐 불안한 거겠죠.

A : 자신의 머리가 좋지 않다고 생각하는 부모일수록 더 많이 불안해합니다. 불안감은 '지능' 이라는 잣대로만 아이의 능력을 판단하고, 아이가 무엇을 좋아하는지, 어떤 재능을 갖고 있는지 알려고 하지 않기 때문에 생기는 것입니다. 아이들은 저마다 다른 능력과 기질을 갖고 태어난다는 사실, 잊지 마세요.

"얘는 아무리 노력해도 안 될 것 같아. 될성부른 나무는 떡잎부터 알아본다잖아."

이런 식으로 말하는 부모 밑에서 자란 아이가 어떻게 자신의 재능을 발견하고, 발전시켜 나갈 수 있겠습니까.

아이가 책을 싫어한다 하더라도 엄마가 책을 읽는 모습을 보여주세요. 그것이 책을 좋아하는 아이로 만드는 시작입니다. 시작을 해야 만 들어나가는 과정이 있고, 결과가 있죠. 아이 옆에서, 아이와 호흡을 맞춰 함께 걸어가세요.

또한 아이를 컨트롤하기 전에 엄마가 먼저 자신의 감정을 조절해야 합니다. 그래야 무엇이 문제인지 알 수 있습니다. 문제를 알아야 해결책을 찾을 수 있지 않을까요.

'부모는 자기가 알고 있고, 깨달은 범위 내에서만 아이에게 가르칠 수 있다.'는 말은 슬프게 들릴지는 몰라도 사실입니다. 교사도 마찬가지입니다. 자신이 아는 것 이상으로 아이를 가르칠 수는 없습니다.

지식과 지혜를 두루 갖춘 부모는 아이에게 훌륭한 멘토가 되어줄 수 있다는 것은 명백한 진리입니다. 그런데 둘 다 갖춘다는 것이 생각보다는 어려운 일입니다. 그리고 지식이 많지 않다고 해서 실망할 필요는 전혀 없습니다. 지식은 부족하지만 '지혜'를 갖춘 부모는 '지식을 스스로 찾는 지혜'를 몸으로 아이에게 가르쳐줄 수 있으니까요. 지금 저를 찾아와 자문을 구하는 '지혜'를 보여주신 어머님처럼요.

긍정적으로 생각하시고, 희망을 가지세요. 제가 보기엔 어머님은 충분히 지혜로우십시다. 그런 이유로 저는 어머님의 아이가 어머님을 닮기를 바란답니다.

아이가 TV를 너무 좋아해요

Q : 우리 아이는 TV를 너무 좋아해요. 어떻게 하죠?

A : TV를 얼마나 많이 보나요?

Q : 집에 오면 TV부터 틀어요. 만화는 물론이고 연속극이나 토크쇼 같은, 어른들이 보는 프로그램까지 보려고 해요.

A : 아이가 왜 그렇게 TV를 좋아하게 되었을까요?

Q : 전에 애를 봐주던 할머니가 계셨는데 그분이 TV를 좋아하셨던 것 같아요.

A : TV 때문에 생활을 제대로 하지 못할 정도인가요?

Q : 그럼요. 밥 먹을 때도 TV 보느라 넋이 나가 있는 걸요.

A : 강제로 못 보게 하기도 하나요?

Q : 그렇죠. 안 그러면 아마 밤새 TV를 볼걸요.

A : 아이가 무언가에 몰두한다는 건 집중력이 있다는 뜻이니 나쁜 것만은 아니에요. 하지만 그 일로 인해 아이가 생활을 제대로 하지 못한다면 그냥 내버려둘 수는 없지요. 그렇다고 강제로 TV 보지 못하게

막는 것은 좋은 방법이 아닙니다.

자기 아이라 해도 강제로 통제한다는 것은 반칙과도 같은 행위입니다. 혹시 방어기제라는 말 들어보셨나요? 방어기제란 두렵거나 불쾌한 상황에 부딪쳤을 때 감정적인 상처로부터 스스로를 보호하는 무의식적인 행위로 억압, 도피, 동일시, 보상, 투사 등이 있습니다.

아이는 부모가 겁을 주거나 때리면 일시적으로 말을 듣긴 합니다. 하지만 내부에서 방어기제 중의 하나인 억압이 일어나 감정을 억누르게 되고, 이런 상황이 되풀이되면 마침내는 감정이 폭발해 버리고 맙니다. 부모에게 대들거나 집을 나가 버리기도 하는 것이죠.

Q : 그럼 어떻게 하죠?
A : 아이 스스로 자신을 조절하고 통제할 수 있도록 만들어야죠. 나를 통제할 수 있는 사람은 나뿐입니다. 나를 강제로 통제할 권리는 나 외에는 그 누구도 갖고 있지 않습니다. 부모도 마찬가지입니다.

유아시기, 특히 4세 전후 자아형성 단계의 아이에게 가장 중요한 교육은 '스스로 자신을 알고, 조절하고, 통제할 수 있는 능력'을 키워주는 것이지요. 너무 TV만 본다고 싫어하지 마시고 우리 아이에게 자기 통제력을 알게 할 수 있는 기회가 생겼다고, 긍정적으로 생각하세요. 그럼 오히려 기뻐할 일 아닌가요?

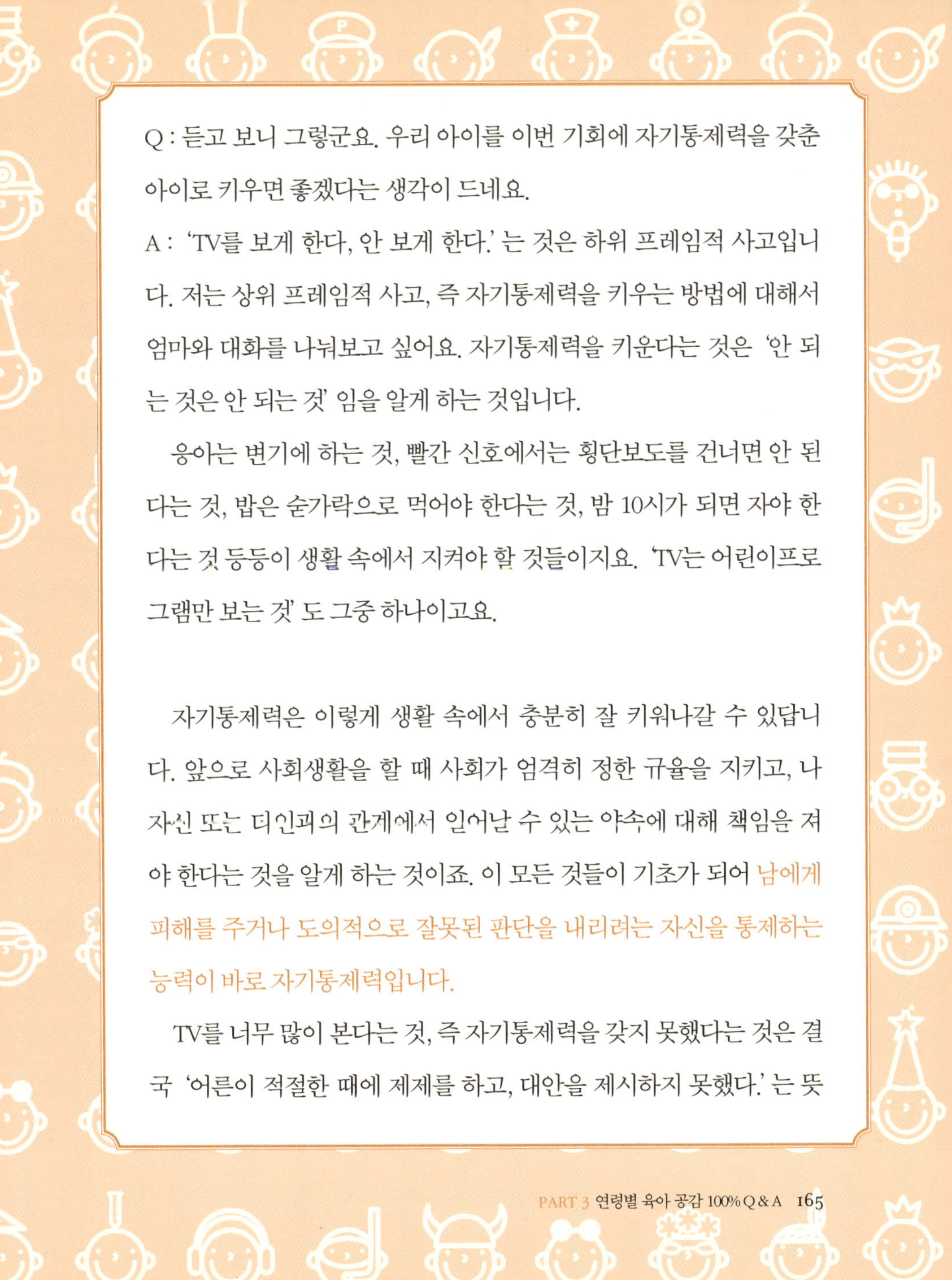

Q : 듣고 보니 그렇군요. 우리 아이를 이번 기회에 자기통제력을 갖춘 아이로 키우면 좋겠다는 생각이 드네요.

A : 'TV를 보게 한다, 안 보게 한다.'는 것은 하위 프레임적 사고입니다. 저는 상위 프레임적 사고, 즉 자기통제력을 키우는 방법에 대해서 엄마와 대화를 나눠보고 싶어요. 자기통제력을 키운다는 것은 '안 되는 것은 안 되는 것'임을 알게 하는 것입니다.

응아는 변기에 하는 것, 빨간 신호에서는 횡단보도를 건너면 안 된다는 것, 밥은 숟가락으로 먹어야 한다는 것, 밤 10시가 되면 자야 한다는 것 등등이 생활 속에서 지켜야 할 것들이지요. 'TV는 어린이프로그램만 보는 것'도 그중 하나이고요.

자기통제력은 이렇게 생활 속에서 충분히 잘 키워나갈 수 있답니다. 앞으로 사회생활을 할 때 사회가 엄격히 정한 규율을 지키고, 나 자신 또는 타인과의 관계에서 일어날 수 있는 약속에 대해 책임을 져야 한다는 것을 알게 하는 것이죠. 이 모든 것들이 기초가 되어 남에게 피해를 주거나 도의적으로 잘못된 판단을 내리려는 자신을 통제하는 능력이 바로 자기통제력입니다.

TV를 너무 많이 본다는 것, 즉 자기통제력을 갖지 못했다는 것은 결국 '어른이 적절한 때에 제제를 하고, 대안을 제시하지 못했다.'는 뜻입니다. 지금부터라도 적절한 시기에 제제를 하세요. 아이에게 '선택'하고 '결정'할 수 있는 기회를 주시고, 그에 대한 대안을 제시해 '약속'과 '책임'에 대해 알게 해주세요. 이제 남은 숙제는 TV를 보지 않아도 아이가 안정감을 찾을 수 있도록 해야 한다는 것이군요.

Q : 구체적으로 어떻게 해야 하나요? TV를 끄면 막 울 텐데요.
A : 아이가 우는 것을 겁내거나 하지 마세요. 하고 싶어 하는 것을 못하게 하면 우는 게 당연한 일입니다. 엄마가 지는 쪽을 선택한다면 순간은 평화로울지 모르지만 결국 아이를 막무가내인 사람으로 키워내는 것이나 마찬가지입니다. 힘드시겠지만 아이가 울면 모른 척 내버려두세요. 그리고 감정공감 대화법으로 말하세요.

"TV 보고 싶지? 하지만 이제 더는 볼 수 없어. 대신 엄마가 재미난 책 읽어줄 거야." 하고요. 아이의 감정을 수용하고, 행동을 제제하고, 대안을 제시하는 겁니다. 아이가 TV 보는 것만큼이나 좋아하는 것(또는 좋아할 수 있는 것)을 대안으로 제시한다면 TV에 매달리는 아이의 습관도 서서히 고쳐질 겁니다.

Q : 큰애가 아주 어릴 때부터 몸이 약해서 손이 많이 갔어요. 아이를 처음 키우다 보니 한시도 마음을 놓을 수가 없어서 늘 조심했거든요. 그리고 2년 후에 둘째를 낳았어요. 지금 큰애가 네 살이고, 작은애가 돌을 조금 지났어요.

근데 큰애가 동생을 너무 싫어하는 거예요. 자꾸 울리고, 장난감 같은 것을 뺏고, 때리고…. 그래서 큰애한테 자꾸 소리를 지르게 되네요. 예전엔 안 그랬는데 "안 돼! 하지 마!" 라는 말만 하게 되고, 그러다 보니 큰애는 더 동생을 괴롭히고…, 제가 동생을 안고 있는 꼴을 못 봐요.

A : 듣고 있는 제 마음도 아프네요. 저도 그렇지만 아마 두 살 터울의 형제를 둔 대부분의 엄마들이 비슷한 고민을 안고 있고, 걱정을 하고 있을 기예요. 큰애는 큰애대로 마음이 쓰이고, 둘째는 둘째대로 큰애 눈치 보고, 형만 다가오면 울어대니 걱정이고….

Q : 사실 너무 스트레스를 심하게 받아서 둘째만 아이 봐주시는 분에게 맡길 생각도 했어요. 그렇게 하려니 큰애는 여태 엄마 사랑 받으면서 컸는데 둘째한테 또 미안하고, 정말 하루하루가 너무 힘들어요.

A : 네. 충분히, 너무나 충분히 공감이 가네요. 뚜렷한 해결책을 말씀드

리지 못해 죄송하기도 하고요. 동생을 질투하는 형의 마음도, 형을 무서워하는 동생의 마음도 억지로 막을 수는 없으니까요.

무엇보다 중요한 것은 엄마가 스트레스에서 벗어나야 한다는 거예요. 큰애를 이제 교육기관에 보내세요. 하루 종일 천적(물론 큰애에게 동생을 위하고 사랑하는 마음은 있습니다. 하지만 이 시기에 동생은 형에게 있어 세상 그 누구보다 미운, 엄마를 빼앗아가는 존재이기에 천적이란 표현을 쓴 것입니다)이나 다름없는 동생과 있기보다는 엄마와 함께 있지 않더라도 즐겁게 놀 수 있는 공간과 사람들이 있다는 사실을 알게 해주세요.

아이가 교육기관에 있는 동안 엄마는 둘째에게 충분히 관심을 보이고, 사랑을 표현해 주시면 됩니다. 큰애가 돌아왔을 때는 당연히 큰애에게도 관심을 보이시고요. 그런데 둘이 붙어 있으면 싸운다는 것이 문제죠? 이때는 두 아이가 다퉈도 관심을 보이지 마세요. 상황에 따라서 적절히 모른 척하실 필요가 있습니다.

물론 위험한 행동이나 공격적인 행동을 할 때는 따끔하게 혼을 내고 반드시 제제를 해야 하지만 미워하거나 화난 감정이 담긴 말을 해서는 안 됩니다. 또한 아이의 성격 등을 문제 삼지 말고 잘못된 행동에 대해서만 이야기하세요. 그리고 대안을 제시하면서 서서히 두 아이가

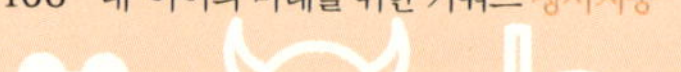

사이좋게 지낼 수 있도록 이끌어나가야 합니다. 그런데 아시죠? 싸울 때 싸우더라도 화가 풀리면 형이 동생을 끌어안고 입 맞추며 "이뻐이뻐!" 한다는 거요.

Q : 네. 맞아요. 맛있는 거 생기면 동생 준다고 하고, 동생한테 자기도 잘 읽지 못하는 책을 읽어준다고 머리맡에서 중얼대기도 해요.
A : 그렇죠? 큰애가 '동생에게 엄마를 뺏겼다.'는 생각을 할 때, 그 순간의 화난 감정, 미운 감정을 엄마가 읽어주신다면 두 아이와 훨씬 더 편하게 지낼 수 있는 시간이 많아질 거예요. 아이들이 좀 더 크면 두 아이의 문제는 두 아이가 해결할 수 있도록 내버려두세요. 두 녀석이 싸우면 방에 들어가 문을 닫고 음악을 듣던가, 커피를 마시면서 책을 보세요.

너희들끼리 해결하라고 말하는 것이 섣불리 끼어들어 오해를 불러일으키고, 아이들에게 상처를 주는 것보다 더 낫답니다. 아무리 화가 나도 폭력을 사용하면 안 된다는 것, 남을 때리는 것은 나쁜 행동이라는 인식만 시켜주면 크게 걱정할 필요는 없거든요. 때로는 서로 말다툼을 하다 분에 못 이겨 주먹으로, 발로 서로 치고받을 수도 있을 거예요. 그래도 모른 척하세요. 폭력이 왜 나쁜 행동인지 스스로 깨달을 수 있으니까요. 둘은 형제입니다. 동생을 때려놓고 좋아할 형이 있을까요? 형에게 상처를 입히고 기뻐할 동생이 있을까요?

서로 싸우다가도 다른 집 아이가 동생을 때리면 참지 못하는 것이 바로 형입니다. 자기는 때릴 권리가 있어도 남이 때릴 권리는 없다고 생각하는 것이지요. 물론 말도 안 되는 생각이고, 바로잡아줘야 할 부분이지만 이렇듯 형제들 사이에는 기본적으로 서로를 사랑하는 마음이 있답니다. 피는 물보다 진하니까요. 그러니 모른 척하십시오. 때로는 무심하게 대하는 것이 좋은 방법이 될 수 있답니다.

아이가 자꾸 친구를 때려요

Q : 이러다가 아이가 왕따 되는 건 아닐까요?

A : 무슨 문제가 있나요?

Q : 큰애는 괜찮은데 둘째 때문에 걱정이에요. 지금 원에 다니는 큰애는 딸이라 그런지 별 어려움 없이 키웠는데 사내인 둘째는 완전 말썽꾸러기에요.

A : 36개월 된 동생 말씀이군요. 어떤 말썽을 부리는데요?

Q : 친구들과 놀 때도 양보하는 법이 없고요, 자기가 가지고 싶은 것이 있으면 때려서라도 빼앗아요. 타일러도 보고 야단도 쳐봤는데 아무

소용이 없어요. 너무 일찍 원에 보낸 탓일까요? 체구도 작은 게 왜 그렇게 깡다구가 센지 자기보다 큰 애한테도 마구 덤벼들어요.

A : 그 일로 무슨 문제가 있었던 적은 없죠?

Q : 그럴 때마다 주위에서 말려서 다행히 큰 문제는 일어나지 않았어요. 그런데 진짜 문제는 다른 아이들이 아이를 슬슬 피하기 시작했다는 겁니다. 하루는 얘가 또 친구를 때린 거예요. 그 집 엄마가 전화를 했더라고요. 미안하다고 사과하고 나서 아이한테 왜 그랬냐고 물어봤더니 글쎄, 그 아이가 자기랑 놀기 싫다고 하는 바람에 화가 나서 때렸다는 거예요.

A : 사실 아이들 사회, 특히 아직까지 행동과 사고의 패턴이 자리 잡히지 않은 4세 꼬마들의 사회에서는 서로 때리고, 꼬집고, 할퀴고, 맞고, 우는 일들이 늘 일어난답니다.

그런데 예전에는 맞는 것보다 때리는 것을 남자다운 것으로 여기도 했지요. 자기 아이가 맞고 들어오면 엄마들이 아이에게 화를 냈습니다. 바보냐, 왜 맞고 다니느냐, 치료비 물어줄 테니 맞지만 말고 때리라고 시키기까지 했지요. 힘이 센 아이들에게 얻어맞아 기가 죽느니, 말썽을 부려도 기가 살아야 나중에 커서 크게 될 수 있다고 믿었던 것입니다.

하지만 이제는 힘으로는 상대를 누를 수 없는 사회가 되었습니다. 다시 말해 힘이 세다면 일시적으로 권력을 얻을 수 있을지는 모르지만 진정한 리더가 될 수 없다는 사실을 사람들이 깨달은 것이지요.

따라서 사회가 변한 것이 아니라 사람들의 인식이 변했다고 해야 맞겠지요. 그러니 엄마가 친구를 때리는 아이를 걱정하는 것은 아주 당연한 일입니다. 하지만 걱정의 초점이 조금 다른 곳에 맞춰져 있는 듯해요.

Q : 제가 엉뚱한 걸 걱정한다는 뜻인가요?

A : 그럴 수도 있죠. 다시 말해 '친구를 때린다.'는 아이의 행동에 대해서가 아니라 '자기가 원하는 것을 얻고 싶어 하는데 아이가 그 방법을 모른다.' 또는 '아이가 화나거나 불편한 감정을 어떻게 표현해야 하는지를 모른다.'는 쪽으로 걱정의 초점을 맞춰야 할 것 같습니다. 친구를 때리는 행동이 아직 습관화된 것은 아니라는 것이죠.

Q : 그렇군요. 듣고 보니 마음이 조금 놓이네요. 내 아이가 친구를 때리긴 하지만 그것은 때리고 싶어서가 아니라 때리는 것 외에는 다른 방법을 몰라서 하는 행동이라는 거죠?

A : 맞습니다. 누나는 그런 행동을 한 적이 없는 것을 보면 가정 내에서는 아이가 특별히 공격적으로 행동할 만한 갈등은 없는 것으로 보입

니다. 그런데 원에 다니면서 갈등이 생긴 것이죠. 내가 갖고 싶어 하는 장난감을 친구가 가지고 놀고 있고, 내가 말하려 하는데 친구가 먼저 말하고, 친구와 놀고 싶은데 친구는 안 놀아주고, 내가 화가 났는데 그것도 모르고 친구는 날 놀리고, 이러한 갈등을 처음 겪는 아이가 그것을 말로 표현하지 못하는 탓에 '표현하려는 의지'가 '친구를 때리는 행동'으로 나타나는 거죠. 그래도 다행인 것은 아이가 감정을 억누르지 않고 '표현하려 한다.'는 것입니다.

Q : 그럼 때리지 않고 말로 하라고 가르치면 되는 건가요?

A : 그렇죠. 이런 경우 감정공감 대화법을 사용하시면 됩니다. 걱정이 있고 고민이 있을 때는 초점을 정확하게 맞춰야 방법도 찾을 수 있고, 해결할 수 있는 거랍니다.

예를 들어 이렇게 말하는 거죠. "네가 이 장난감이 갖고 싶었구나. 그렇다고 친구를 때리면 안 돼. 친구한테 갖고 싶다고 말하면 돼"

Q : 하지만 원에서 어떤 상황이 벌어졌는지 제가 모르잖아요.

A : 그렇지요. 그러니 저에게 한 것처럼 아이의 담임교사와도 충분히 대화를 나누시고, 엄마로서 부탁하고 조언을 구하세요. 그래야 현명한 엄마랍니다. 교사는 엄마가 아이를 잘 키울 수 있도록 돕는 조력자이니까요.

저와 교사를 믿으시고, 원에서 어떤 일들이 일어나는지 궁금해하기보다는 아이를 데리고 놀이터에 가서 자꾸 친구들과 어울리도록 해주세요. 아이에게 갈등상황을 만들어주라는 뜻입니다. 이때 공격적인 행동을 한다면 기회라고 여기고 감정공감 대화법을 이용해 아이의 마음을 읽고 어떻게 행동해야 할지 알려주세요.

덧붙여 말씀드리면 친구들에게 인기가 많은 아이들을 조사해 본 결과 대부분이 '안정 애착아'로 밝혀졌다고 합니다. 발달심리학자 바울비에 따르면 영아 때 이루어진 양육자와의 애착 패턴이 이후 다른 사람과의 관계에도 적용된다고 합니다. 다시 말해 가장 상처 입기 쉽고 의존적인 생후 1년 동안 부모가 얼마나 따뜻하고 세심하게 보살폈느냐에 따라서 남들과 관계를 맺는 패턴도 달라진다는 것이죠.

'안정형 부모'는 아이의 감정을 적극적으로 받아들이고, 아이가 보내는 신호에 민감하게 반응합니다. 그리고 평소에 아이를 충분히 안아주고 쓰다듬어주기 때문에 아기의 마음속에 '내 감정에 잘 반응해주는 엄마 아빠'라는 믿음을 심어줍니다.

이런 부모 밑에서 자란 아기는 밖에 나가서도 잘 놀고, 세상 여기저기를 살펴보기 좋아하며, 사람을 두려워하지 않습니다. 아기가 불안

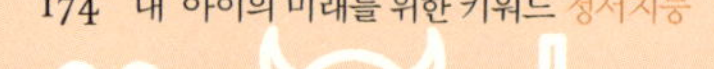

을 느낄 때마다 엄마가 적절한 방법으로 그 불안을 없애주었기 때문이지요. 당연히 이런 아이들은 자신의 감정을 말로 부드럽게 표현할 줄 알고, 다른 사람과의 갈등도 대화를 통해 해결할 수 있겠죠?

반대로 친구들에게 인기가 없는 아이들은 '불안정 애착아'일 확률이 높습니다. 안정적이지 못한 부모 밑에서 자란 아이들은 자신의 감정을 처리하는 방법을 잘 모릅니다. 커서도 자신의 감정을 인정하지 않는 것은 물론 기분 나빠진 이유를 다른 사람에게로 돌리고, 심지어는 책임을 묻기도 합니다. 이런 인간과 친구하려는 사람은 아마도 없을 겁니다. 따라서 이들은 늘 외로움을 느낍니다.

태어난 지 1년, 이 시기에 부모와 안정적인 애착관계를 맺지 못한 아이는 평생 마음에 상처를 안고 살아갑니다. 따라서 생후 1년은 아주 중요합니다. 때를 놓쳐 불행한 유년을 보내는 아동이 있다면 적절한 방법으로 치료를 해주어야 합니다.

심리학자들은 아이에게 사라진 1년을 찾아주고 싶다면 일시적으로 '퇴행'을 해보라고 권합니다. 갓난아기에게 하듯이 아이의 몸과 마음을 어루만져주라는 이야기지요. 실제로 공격적인 성향을 지닌 아동을 갓난아기에게 하듯 포대기에 싸서 업어주는 것으로 효과를 본 예도 있습니다. 늦었다고 포기하지 말고 아이에게 엄마의 사랑을 몸으로

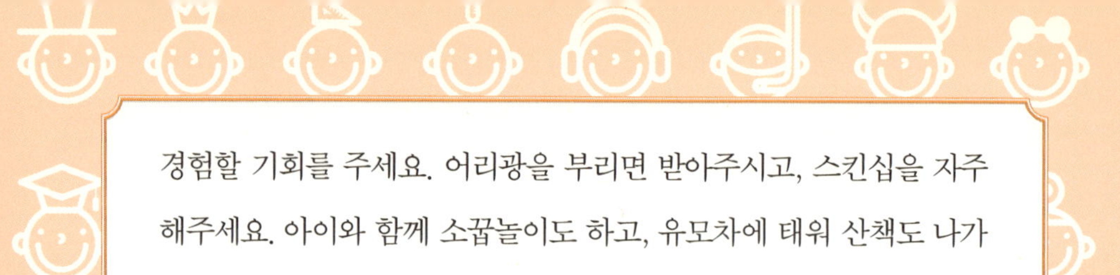

경험할 기회를 주세요. 어리광을 부리면 받아주시고, 스킨십을 자주 해주세요. 아이와 함께 소꿉놀이도 하고, 유모차에 태워 산책도 나가 보세요.

너무 화가 나서 아이를 때렸어요

Q : 어쩌면 좋죠? 너무 화가 나서 아이를 때렸어요.

A : 일단 여기 티슈로 눈물부터 닦으세요. 너무 걱정하지 마시고, 마음을 가라앉히세요. 아이를 키우다 보면 한 대 때릴 수도 있죠, 뭐.

Q : 네에? 애를 때려도 된다고요?

A : 때려도 된다기보다는 실수는 누구나 할 수 있다는 말이지요. 훈육의 차원에서 보면 아이를 때리는 것이 정당하다고 주장하는 이들도 있고, 어떤 상황에서도 체벌은 안 된다고 주장하는 이들도 있죠.

그런데 아이뿐만 아니라 어느 누구에게도 자신의 뜻을 이루기 위해 폭력을 행사할 수 없다는 것만은 분명한 사실입니다. 폭력은 반칙이에요. 그러나 완벽한 사람은 없잖아요? 가끔씩 실수하면서 살아가는 존재가 인간이니까 너무 죄책감 갖지 마세요.

늘 때리다 하루 안 때렸다고 좋은 엄마가 아니듯 평소에 사랑으로 대해 주다가 손찌검 한번 했다고 나쁜 엄마가 되는 것은 아니라는 뜻이에요. 사람은 누구나 마음에 그림자를 쌓아두고 있습니다. 자신을 이해해 주는 따뜻한 부모를 만나 마음에 그림자가 덜 쌓였다면 다행이지만 불우한 어린 시절을 보냈고, 좋지 않은 경험을 많이 해 그림자가 많이 쌓여 있다면 지나간 나쁜 경험을 똑바로 바라보고 과감하게 털어버리는 것이 최선입니다.

유아기에 아이는 여러 가지 경험을 하게 됩니다. 정서적으로 좋지 않은 경험들이 마음에 쌓이면 아이는 어른이 되어서도 나쁜 짓을 저지르고, 주변 사람을 난처한 상황에 빠뜨립니다. 그런 사람 곁에 가면 괜히 기분이 나빠지고, 감정이 상하게 되지요. 결국 많은 사람들이 멀리하게 되어 그는 외톨이가 되고 맙니다.

그런 사람들이 자주 찾는 공간이 바로 인터넷입니다. 자신을 감출 수 있다는 점에서 그보다 더 활동하기 좋은 곳은 없겠지요. 세상 사람들에게 따돌림 당하고, 그 일 때문에 분노를 느꼈던 사람은 인터넷상에서 연예인 등 공인을 주로 공격합니다. 사회적으로 성공한 사람들을 자기 수준으로 끌어내림으로써 쾌감을 느끼고, 마음을 놓습니다.

그들은 자신이 저지른 일로 인해 상대방이 불쾌감을 느끼거나 씻을 수 없는 상처를 입을 수도 있다는 사실은 생각지도 않습니다. 오로지 자기감정을 토해 내고, 누군가에게 무시당한 화풀이를 하는 데에만 열중할 뿐이지요.

　하지만 가정환경이 좋지 않다고 해서 누구나 다 이렇게 되는 것은 아닙니다. 비록 부모를 잘못 만나 어린 시절을 불우하게 보냈다 하더라도 끊임없이 자기 자신을 갈고 닦으면서 올바른 몸과 마음을 지니려고 노력하면 긍정적인 사람이 될 수 있습니다. 그럴 때 부모와는 다른 행복한 삶을 살 수 있겠지요.

　이야기가 약간 빗나간 것 같지요? 다시 본론으로 돌아와 애기를 나누기로 하지요.

　아시다시피 감정적으로 아이에게 손을 대는 것은 폭력입니다. 그러나 훈육의 차원에서 정당한 범위, 즉 사전에 아이와 어떤 일이 있을 때 매를 들기로 한다는 약속이 이루어져 있었다면 아이를 때리는 것이 폭력은 아닙니다. 오히려 엄마의 사랑을 행동으로 보여주는 것이지요.

　그런데 안타깝게도 어머님의 경우는 폭력이 되어버린 듯합니다. 따라서 먼저 엄마가 자신의 감정을 조절할 수 있도록 노력해야 할 것 같습니다. 그렇게 하지 않으면 습관이 될 수 있으니까요. 그리고 나아가 '자신의 화난 감정'을 이성적으로 아이에게 표현하는 모습을 보여준다면 더 멋진 엄마가 될 수 있을 겁니다.

아이도 그런 엄마의 모습으로 세상을 살아갈 수 있는 힘을 얻을 테니까요.

Q : 네. 제가 잘못한 것 같아요. 그런데 이미 아이를 때렸고, 이 상황을 없애버릴 수는 없잖아요?

A : 어머님, 혹시 누군가가 어머님을 때렸다고 가정해 보지요. 그 사람이 어머님에게 어떻게 해주길 바라세요?

Q : 당연히 사과해야죠. 왜 때렸는지, 그 이유를 말해 주고 앞으로 다시는 때리지 않겠다는 약속도 해야죠. 지금 당장!

A : 그렇게 하시면 됩니다. 어머님께서 받고 싶은 그대로를 아이에게 하시면 됩니다. '내가 듣고, 느끼고, 받고 싶은 대로 상대에게 행하라.' 는 말은 사람들과 원만하고 깊이 있는 인간관계를 맺을 수 있도록 하는 절대원칙이랍니다. 아이도 예외일 수는 없습니다.

5세 아동의 경우

뭐든지 안 한다고 해요

Q : 우리 애는 왜 뭐든지 싫다고 할까요? 태권도도 안 한다고 하고, 발레도 안 한다고 하고, 남들은 다섯 살이면 악기 하나는 시작한다는데 바이올린도 안 한다고 하니 어떻게 하면 좋죠?

A : 어떻게 하긴요. 아이를 잘 키우셨네요. 자기주장이 있잖아요. 배우지 않겠다고 하면 억지로 가르치려 들지 마세요.

Q : 네?

A : 제 말을 선뜻 받아들이기 힘드시죠? 잘 들어보세요. 엄마들이 하는 이야기를 들으면 그 아이는 정말 아무것도 배우려고 하지 않는 아이처럼 보입니다. 하지만 엄마의 고민을 자세히 들여다보면 아이가 싫다고 물리치는 것들이 대부분 학원에서 배우는 것임을 알 수 있습니다.

부모라면 누구나 자신의 아이가 악기 하나쯤은 능숙하게 다루기를 바라고, 태권도나 합기도 같은 운동도 하나쯤은 배워야 한다고 생각합니다. 그러나 부모들이 아이를 학원에 보내는 진짜 이유는 다른 아이들보다 뒤처지는 것이 싫어서입니다. 동네 아이들이 다 학원에 다

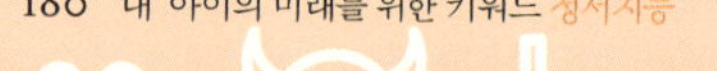

니는데 자기 아이만 다니지 않으면 불안하니까요.

혹시 억지로 시키는 것은 아니냐는 질문을 하면 부모들은 아이들에게도 의견을 물어봤다면서 절대로 강요한 게 아니라고 말합니다. 하지만 아이들에게 의견을 묻는 것은 생각해 봐야 할 일입니다.

외람되지만 어머님께서 "너 바이올린 할래? 수연이는 한다던데. 왜 싫어? 하자~. 바이올린 배우면 머리도 좋아지고 공부도 잘한대. 싫어? 그럼 발레 학원에 다닐래? 발레를 배우면 몸매가 예뻐지고 다리도 길어진다는데. 그것도 싫어? 그럼 도대체 뭐가 하고 싶어?"라고 말하지 않으셨나요?

아이들은 분명 자신만의 생각과 의견을 가지고 있습니다. 배가 고프다거나 졸릴 때 자신이 어떤 상태에 있는지 알고 엄마에게 도와달라고 하지요. 그것은 자주 경험하는 상황이고, 해결할 수 있는 일이기 때문입니다. 하지만 운동이나 악기 연주처럼 한 번도 해보지 않은 일에 대해서는 분명한 견해를 가질 수 없습니다.

엄마가 시키니까 혹은 다른 아이들도 하고 있으니까 나도 해야 하는 건가 보다, 라고 여기고 학원에 다니는 것이지요. 다시 말해 아이들이 엄마의 말을 따르는 것은 그 문제에 대해서 진지하게 생각해 보지 않은 결과입니다.

그러니 무엇을 배우지 않겠다고 분명하게 말하는 아이는 나름대로 자신의 일을 스스로 결정하는 아이라고 볼 수 있습니다.

엄마들은 대부분 자신의 아이가 학교에서 좋은 성적을 받기를 원합니다. 악기를 능숙하게 다룰 줄 알고, 운동을 잘해 남들의 부러움을 받으며 씩씩하게 자라기를 바랍니다. 성적이 나쁘면 머리가 나쁘다고 말하고, 악기를 잘 다루지 못하면 끈기가 없다고 말하며, 운동을 잘 못하면 행동이 굼뜨고 느리다고 말합니다. 그러나 이는 잘못된 태도입니다.

사람들은 흔히 지능과 지혜가 같은 것이라고 착각합니다. IQ지수가 높으면 머리가 좋다고 생각하고, 그것만으로도 '선택받은 사람' 인 것처럼 말합니다. 하지만 IQ검사로는 사교성이나 정의로움, 정서적 민감성, 시적 감수성, 배려심 등을 파악할 수 없습니다.

다시 말해 머리는 그다지 좋지 않지만 뛰어난 감수성을 지니고 있다면 예술 분야에서 자신의 재능을 발휘할 수 있습니다. 아이들은 무한한 잠재력을 가지고 있고, 세상에는 수많은 직업이 있다는 사실을 기억하십시오.

따라서 IQ검사 결과 지수가 낮게 나왔다고 해도 섣불리 '머리 나쁜 아이' 라는 꼬리표를 달아주어서는 안 됩니다. 단적인 예로 국제멘사

협회 회장을 지낸 빅터 세리브리아코프는 IQ 173의 천재이지만 어렸을 때 선생님의 실수로 IQ 73이라는 결과를 통보받고 17년간을 정말 바보로 살았다고 합니다. 이 얼마나 무서운 일입니까? 어른들이 아이 지능을 따지게 된 것도 모두 IQ검사의 폐해라고 할 수 있습니다.

세상을 살아가는 데 있어 지능보다 더 중요한 것은 자신이 좋아하는 일을 찾아내고, 최선을 다해 그 일을 하는 끈기와 노력입니다. 그렇게 끊임없이 자신을 발전시켜 나가는 사람이 바로 슬기로운 사람입니다. 머리가 좋으면 물론 일도 잘하고, 사람들과도 잘 지낼 수 있겠죠. 그러나 슬기로운 사람보다 세상을 잘 살아가지는 못할 겁니다. 열심히 노력해서 얻은 성과가 얼마나 달콤한지, 얼마나 가슴을 뛰게 만드는지 잘 모를 테니까요.

무슨 일이든 억지로 시키지 마십시오. 피아노를 억지로 배우게 하면 아이가 흥미를 잃어버리고, 피아노만 봐도 고개를 절래절래 흔들 수 있습니다. 실패를 두려워하는 것은 어른뿐만이 아닙니다. 아이도 두려워합니다. 그것은 아주 자연스러운 현상입니다.

어느 시기에 이르면 아이 스스로 자신이 잘할 수 있는 일을 찾아낼 겁니다. 그때까지 아이를 믿고 기다려주고, 아이가 과감하게 도전할 수 있도록 힘을 보태주세요.

주위를 둘러보면 남편 말은 들으려 하지 않으면서 옆집 엄마 말이라면 뭐든지 옳다고 여기는 분들이 많습니다. 옆집 엄마가 그렇게 대단한 사람입니까?

"중국어는 꼭 시켜야 한대."

"요즘은 피겨스케이팅이 대세래."

등등의 말들에 휘둘리지 마십시오. 이는 스스로에게 자신의 선택이 옳다는 믿음을 심어주기 위해서 하는 말입니다.

스스로 확신을 가지고 있지 못한 상태에서 무엇인가를 선택하면 당연히 불안을 느끼게 됩니다. 그 불안을 떨쳐내기 위해 자꾸 자신이 무엇을 선택했는지, 왜 선택했는지 남에게 말하는 것입니다. 남들이 자신의 말을 귀 기울여듣고 똑같은 선택을 하면 당연히 안심이 되겠지요.

그러니 어떤 일에 대해 확신이 서지 않을 때에는 옆집 엄마 말을 듣기보다는 전문가를 찾아가 의견을 물으십시오. 둘 중에 어느 쪽이 더 도움이 되리라는 것은 굳이 말씀드리지 않겠습니다.

무엇이든 하려는 아이는 긍정적이며 도전적인 아이이고, 하지 않으려고 하는 아이는 부정적이며 소극적인 아이가 아닙니다. 한 번 더 고민하는 것일 수 있고, 하고는 싶지만 창문 너머로 봤던 태권도장의 씩씩한 아이들처럼 할 자신이 없어서 두려운 마음에 안 하겠다고 할 수도 있습니다. 또는 정말로 하고 싶지 않을 수도 있습니다.

아이를 위해 무엇이든 시키고 싶으시다면 이렇게 물어보시면 어떨까요?

"친구들은 자기가 하고 싶은 것을 하고 있대. 우리 현호도 하고 싶은 것이 있다면 언제든 엄마가 할 수 있게 도와줄 거야. 지금부터 엄마랑 네가 정말 뭘 하고 싶은지 생각해 보자."

"당장 말하지 않아도 괜찮아. 엄마가 기다려줄 거야. 언제까지 엄마한테 말해 줄 수 있어?"

아이가 원하는 것이 엄마와 다를 수 있습니다. 그때는 먼저 아이의 생각을 읽어주세요. 서로 다름을 인정하는 것, 그것이 바로 진정한 용기입니다. 하실 수 있으시죠?

벌써부터 엄마의 잔소리가 싫대요.

Q : 이제 겨우 다섯 살밖에 안 된 녀석이 "엄마 말 듣기 싫어. 말 좀 하지 마!"라고 해요. 벌써부터 이렇게 말을 안 들으면 어쩌죠?

A : 벌써 그래요? 어머님이 잔소릴 좀 심하게 하셨나?

Q : 다른 엄마들도 그러지 않나요? 옷은 벗어서 옷장에 넣으라고 하는데 아무 데나 막 벗어놓고, 밥은 식탁에 앉아서 먹으라고 하는데 밥그릇을 들고 다니면서 먹고, 나갔다 오면 씻으라고 하는데 안 씻고…. 정말 매일 했던 말을 또 하고, 또 하는 것 같아요. 그런데 저는 그게 잔소리가 아니라 꼭 해야 할 말인 것 같거든요.

A : 맞아요. 꼭 해야 할 말이지요. 아이들이 말을 안 들어 잔소리하는 거, 우리 엄마들이 가장 많이 하소연하는 부분이에요. 정말 우리나라 주부들 힘들지요. 세계적으로 스트레스 지수가 가장 높다니 말 다했지요. 일하는 엄마들이나 살림하는 엄마들이나 형태만 다를 뿐 스트레스를 받기는 매한가지인 것 같아요.

스트레스를 받는 요인은 여러 가지가 있겠지만 첫손으로 꼽는 게 바로 아이를 키우는 일이겠지요. 그중에서도 아이 뒤를 쫓아다니며 어질러놓은 것을 대신 정리하는 일이 가장 짜증이 많이 난다고 합니다. 빨래에, 장보기에, 요리에, 집안일은 해도해도 끝이 없는데 아이까지 함부로 어질러놓는 통에 아무리 일해도 표시가 나지 않아 화가 난다는 것입니다.

남편들은 그런 사정도 모르고 퇴근해서 돌아오면 집안이 엉망이라고 듣기 싫은 소리를 해대니 어떻게 짜증이 나지 않을 수 있겠어요?

Q : 그러니까요. 그런데 요 녀석이 벌써 엄마 말이 듣기 싫다고 하다니, 너무 한 거 아닌가요?

A : 너무하네요. 앞으로는 더 말을 안 들을 텐데 벌써부터 그러니 엄마가 너무 속상하시겠네요. 그런데요. 아무리 말하고 또 말해도 안 듣지요?

Q : 네.

A : 그런데도 계속 말하는 방법을 택하신다는 것에 대해서는 어떻게 생각하세요?

Q : 흠….

A : 혹시 다른 방법으로 아이를 컨트롤해 보자는 생각은 안 해보셨나요?

Q : 아뇨. 거기까진 생각 못 했어요.

A : 오늘 저와 함께 해보죠.

예를 들어 아이가 너무 어지르고 다닌다고 가정해 보죠. 아이 스스로 주변을 정돈하게 하는 것이 쉬운 일은 아니지만 해결책이 없는 것도 아닙니다. 일단 "제발 치워. 넌 왜 아무리 말을 해도 안 듣니?"라는 식의 잔소리는 하지 마세요. 별 효과가 없으니까요. 효과가 없는 줄 알면서 비슷한 상황에 놓일 때마다 기계적으로 잔소리를 되풀이하면 아이도 '또 잔소리가 시작되었구나.' 하는 생각에 기계적으로 반응하게 되거나 또는 그 말 자체를 외면하게 되죠.

놀이동산에 가면 노는 데 정신이 팔려 어디서 어떤 음악이 흘러나오는지 모르는 것처럼 자기 생각에 빠져 있는 아이의 귀에는 엄마의 잔소리가 전혀 들리지 않습니다. 그런데도 엄마는 엄마 말을 못 들은 아이에게 왜 못 들은 척하냐며 화를 내지요. 그러면 아이는 아이대로 정말 못 들었다면서 항의하고, 엄마는 또 그런 아이에게 대든다고 화를 내는 악순환이 되풀이된답니다.

이 악순환의 고리를 끊지 않으면 아이는 결국 '엄마는 잔소리하는 사람' 나아가 '여자는 시끄러운 존재, 잔소리하는 사람'으로 인식하게 됩니다. 이런 인식이 무의식 속에 깔려 있으면 결혼하고 나서 아내도 같은 시선으로 보게 될 확률이 높고, 또한 딸의 말을 귀담아듣지 않을 수도 있지요.

다시 말해 아이의 행동을 고치려고 시작한 잔소리가 계속 되풀이되면 아이에게 너무나도 큰 부정적인 인식을 심어줄 수 있다는 뜻입니다.

우리는 아이가 왜 정리정돈을 하지 않는지부터 생각해야 합니다. 신나게 놀고 나서 장난감을 치우지 않는 것은 그 일이 귀찮기 때문이지요. 그런데 아이는 물건 정리하는 일이 귀찮다는 것은 알지만 자기가 치우지 않으면 누군가가 그 일을 대신할 거라는 생각은 하지 못합니다. 말하자면 책임감이 없는 것이지요.

책임감responsibility이라는 단어는 반응response과 능력ability으로 이루어져 있습니다. '반응하는 능력'이 바로 책임감이라는 뜻이지요. 즉 책임감이 없는 사람은 무감동한 사람이라는 말입니다.

엄마는 아이에게 자신과 함께 살아가는 구성원들이 서로에게 피해를 주지 않기 위해서는 어떤 것들을 지켜야 하는지 알려주어야 합니다. 그리고 아이가 게으름을 피워 엄마가 얼마나 힘든지 말해 주세요. 화를 내거나 짜증내지 말고 아이가 알아듣기 쉽게 자신의 생각을 나타내는 겁니다. 이렇게요.

"네가 어질러놓은 것들을 치우지 않으면 엄마가 대신 치워야 해. 엄마는 청소도 보고, 밥도 하고, 빨래도 하고, 여러 가지 하는 일이 많잖니. 네가 조금만 도와주면 일이 줄어들어 엄마가 많이 편해질 거야."

즉 아이-메시지를 이용해 '엄마가 힘드니 엄마를 도와달라.'는 내용을 전달하는 것이죠. 대부분의 아이들은 타인이 도움을 청하면 도움을 주려는 반응을 보입니다. 그리고 이렇게 도움을 주다 보면 책임감도 생기게 되지요.

자신감은 책임감에서 나오고, 책임감은 타인의 마음에 반응하는 능력에서 나옵니다. 타인의 마음에 반응하고, 감동을 주는 사람을 우리는 리더라고 부릅니다.

남의 행동에 감동하지 못하는 사람은 행동으로 남을 감동시킬 수 없습니다. 아이를 리더로 키우고 싶다면 일단 잔소리를 접고 반응하는 능력, 감동하는 능력, 대화하는 능력을 키워주세요.

아이가 엄마를 무시해요

Q : 대표님, 너무 속상해요. 아이가 도무지 제 말을 들으려고 하지 않아요. 아무래도 저를 무시하는 것 같아요.

A : 구체적으로 언제 아이가 무시하는 듯한 느낌을 받는데요?

Q : 다른 애들은 스쿨버스에서 내리면 반가워하며 엄마랑 껴안고 그러는데 우리 애만 시큰둥해요. 재미있었냐고 물어도 대답도 안 하고요. 몇 번씩이나 다그쳐 물어야 겨우 "재미있었어." 하고 퉁명스럽게 대답하고요. 제가 뭘 잘못한 걸까요?

A : 혹시 질문이 잘못된 거 아닐까요?

Q : 질문이요?

A : 너무 빤한 것만 물으니 아이가 엄마와 대화하는 것을 재미없어 하

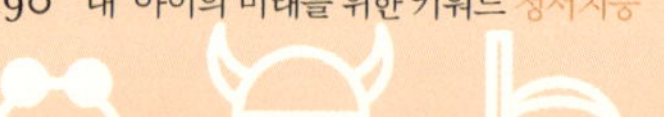

는 것 같네요.

Q : 그럼 아이에게 대체 어떤 질문을 해야 하는 건가요?

A : 이럴 경우에는 관계성 질문을 던져야 합니다. 인간은 5세 이후에 비로소 관계를 경험합니다. 그전까지는 여러 아이들과 섞여 있어도 타인과 같이 있다고 할 수 없습니다. 남들과 자신을 잘 구분하지 못하기 때문이지요. 심지어 남들과 자신을 동일시하기도 합니다. 다른 아이들이 울면 따라 울고, 엄마가 웃으면 따라 웃는 것도 그래서이지요.

5세 아동에게 있어 나 외의 다른 사람은 그야말로 흥미로운 관심의 대상입니다. 이때의 경험이 아주 중요한데요. 남을 인식함으로써 공동체적인 삶을 인식할 수 있고, 사회를 인식할 수 있습니다.

원에서 돌아온 다녀온 아이에게 재미있었느냐고 물으면 아이는 대답을 피할 겁니다. 너무나 빤한 사실이니까요. 원은 당연히 집보다 재미있습니다. 친구가 있고, 선생님이 있기 때문이죠. 즉 사람들과의 관계가 있습니다. 자신이 중요하게 여기는 사람들과 관계를 맺는 것은 매우 흥미진진한 일입니다. 어떻게 변할지 예측하기 힘들어서 때로는 짜릿함을 안겨주기도 하지요.

따라서 아이와 재미있게 대화를 나누고 싶다면 아이가 솔깃해할 질문, 다양한 답변을 할 수 있는 질문을 던지십시오.

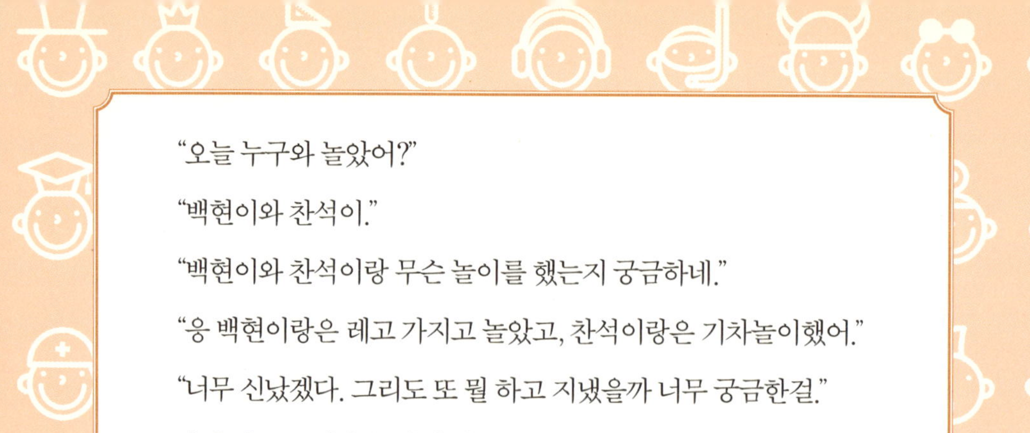

“오늘 누구와 놀았어?”

“백현이와 찬석이.”

“백현이와 찬석이랑 무슨 놀이를 했는지 궁금하네.”

“응 백현이랑은 레고 가지고 놀았고, 찬석이랑은 기차놀이했어.”

“너무 신났겠다. 그리도 또 뭘 하고 지냈을까 너무 궁금한걸.”

이런 식으로 대답을 하지 않고서는 못 배길 질문만 골라서 하는 겁니다. 그러면 아이는 엄마와의 대화를 '즐거운 것' 으로 여길 것이고, 나아가 사람과의 대화는 '즐거운 것' 이라는 생각을 하게 될 겁니다.

반대로 엄마가 대답하기 싫은 것만 골라서 물으면 엄마와의 대화를 '귀찮은 것' 으로 여길 것이고, 나아가 사람과의 대화는 '피곤하고 귀찮은 것' 이라는 생각을 하게 될 겁니다. 엄마로 인해 여자라면 무조건 귀찮게 생각하고, 무시하게 될지도 모릅니다. 여자를 무시하는 일은 곧 사람을 무시하는 일이지요.

잘 생각해 보세요. 엄마도 누군가가 자신을 귀찮게 하면 싫지 않나요? 부모와 자식이 잘 지내는 가정을 보면 대부분 엄마가 잔소리를 많이 하지 않는 편입니다.

시부모님과의 관계도 비슷합니다. 시도 때도 없이 잔소리를 하는 시어머니 밑엔 마마보이 아니면 과묵한 남편이 있습니다. 그런 남편

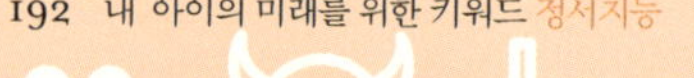

은 엄마와 대화하는 것을 별로 달가워하지 않아 꼭 해야 할 말만 하면서 지냅니다. 이런 경우 아내(며느리)인 엄마가 시어머니와 남편 사이에서 중재 역할을 해야 하지요.

하나 더 말씀드리면 아이에게 질문하기 전에 엄마 이야기를 해보세요. 그러면 아이는 엄마와 대화하는 것을 더욱 즐거워할 겁니다.

"엄마는 네가 원에 있는 동안 친구 만나서 커피 마셨다! 넌 원에서 뭐 했는데?"

"나 백현이랑 찬석이랑 레고 놀이하면서 놀았어."

"그런데 엄마는 친구랑 커피 마시다가 (이런저런 일로) 조금 다퉜어."

"그래? 나도 백현이랑 (이런저런 이유로) 싸웠는데."

"너도? 그럼 어떻게 할 거야? 네 얘기 듣고 엄마도 친구에게 어떻게 해야 할지 생각해 봐야할 것 같아."

어떠세요? 엄마와 다섯 살짜리 꼬맹이가 마치 친구 같지 않으세요?

이런 식으로 대화한다면 엄마는 아이가 원에서 어떻게 생활하는지, 그 내용을 자세히 들을 수 있습니다. 뿐만 아니라 아이도 자기와 떨어져 있는 동안 엄마가 무슨 일을 하며 지내는지 엄마의 이야기를 통해 알 수 있지요. 서로 입장이 다른 두 사람이 서로 다른 상황에서 상대방이 어떻게 지내는지 알게 되면 서로에 대해 더 공감할 수 있고, 그러면 서로를 더 배려하게 되고, 또 누군가에게 문제가 생겼을 때 함께 고민하는 너무나 멋진 관계로 발전할 수 있답니다.

아이가 자꾸 웅얼거려요

Q : 애가 자꾸 웅얼거려서 걱정이에요. 대체 무슨 말을 하는 건지, 자기주장이 있기나 한 건지 의심스러울 때가 많아요. 자기 의견을 똑바로 말하게 하는 방법은 없나요?

A : 아이 발음에 문제가 있다고 느끼세요?

Q : 어느 정도는 그렇죠.

A : 말수가 적고 말이 약간 느리긴 하지만 제가 보기에 별다른 문제가 있는 것 같지는 않았어요. 혹시 아이가 엄마를 어려워하는 건 아닐까요? 아이들은 긴장하게 되면 말을 더듬기도 하거든요.

Q : 말할 때마다 똑바로 하라고 야단치긴 했어요.

A : 제 생각에는 아이가 주눅이 들어 있는 것 같아요. 야단치기보다는 마음을 먼저 만져주어야 할 것 같은데요.

Q : 제가 어떻게 하면 되죠?

A : 우선 자신감을 가져야 하니까, 어지간해서는 야단을 치지 마세요.

엄마가 관심 없는 척하는 것이 때로는 아이에게 편안함을 안겨주거든요. 그런 다음 아이에게 다가가 수수께끼를 낼 테니 풀어보라거나 끝말잇기를 하자고 해보세요.

예를 들어 이렇게 물어보는 겁니다.

"낮에는 갇혀 있다가 밤이 되면 나와서 방바닥에 눕는 것은 뭐지?"

아이는 답을 찾기 위해 여러 가지 생각을 하게 됩니다. 아이가 선뜻 대답을 하지 못하면 힌트를 주세요.

"아침에 네 밑에 깔려 있었잖아."

그럼 눈치를 채고 신이 나서 대답할 겁니다.

"이불이요!" 하고요.

수수께끼는 이처럼 연상능력과 어휘력을 길러주는 좋은 놀이입니다. 끝말잇기도 마찬가지고요. 연상능력과 어휘력이 늘면 당연히 표현력이 늘고, 그러다 보면 말을 더 많이 하고 싶어지고, 실제로 하게 되니까 자연히 발음도 좋아지겠죠.

아이들에게 가장 먼저 말을 가르치는 사람은 부모입니다. 다시 말해 아이는 부모가 하는 말을 듣고 말을 배우는 것이지요. 많은 사람들에게 둘러싸여 여러 가지 이야기를 들으면 언어능력이 발달할 것 같지요? 아니랍니다. 오히려 혼란을 느껴 언어를 잘 배우고 익히지 못한다고 하네요.

　따라서 되도록 편안한 상태에서 아이와 이런저런 이야기를 나누어 보세요. 아이가 재미있게 보는 만화가 있다면 등장인물이 누구인지, 그들의 특징이 무엇인지, 어느 인물이 가장 마음에 드는지 구체적으로 물어보세요. 유치원에서 누구와 어떤 놀이를 했는지, 어느 선생님이랑 어떤 책을 읽었는지 물어보는 것도 좋고, 찰흙으로 함께 무언가를 만든다거나 샌드위치처럼 만들기 쉬운 음식을 함께 만들어보는 것도 좋은 방법입니다.

　유태인 부모는 아이가 말을 하기 시작하면 부엌으로 데려가 음식 재료를 두껍게 썰고, 얇게 썰고, 뒤섞고, 튀기고, 찌는 등의 행동을 아이에게 보여준 후에 그 행동에 대한 말을 가르친다고 합니다. 그리고 아이가 좀 더 자라면 요리에 들어갈 재료의 이름과 양, 음식 만드는 순서 등에 대해 이야기함으로써 아이가 자연스럽게 그 단어들을 기억하도록 한다네요.

　온 가족이 함께 친척 집이나 놀이공원 같은 곳에 갈 때는 자가용 대신 버스나 지하철을 타보세요. 이야깃거리가 늘어난답니다. 먼저 집을 나서기 전에 할머니 집은 어느 역에서 내려야 하는지, 몇 번 출구로 나가야 하는지 가르쳐주세요. 그리고 목적지에 도착할 때쯤 역 이름을 잊어먹었다면서 슬쩍 아이에게 도움을 청해 보세요. 그럼 아이는 의기양양하게 역 이름을 말할 겁니다.

식구가 네 명인 경우라면 한꺼번에 움직이지 마세요. 효과가 별로 없거든요. 네 명이 동시에 말을 하면 주위 사람들이 싫어할 수 있고, 그러면 아이에게 떠들지 말라는 주의를 줄 수밖에 없기 때문입니다. 함께 버스나 지하철을 탔다고 해도 두 사람씩 짝을 지어 앉고, 목소리를 낮춰 차분하게 대화를 나눠보세요. 일대일 대화를 통해 아이의 어휘력을 키우는 것은 물론 행동으로 다른 사람을 배려하는 방법까지 가르쳐줄 수 있답니다.

아이가 웅얼거린다고요? 야단치지 마세요. 발음을 고쳐주는 것보다 아이와 인간적이고 인격적인 친밀감을 쌓는 것이 먼저입니다.

엄마 아빠와 같이 자려고 해요

Q : 아이가 다섯 살이 되면서 따로 재우려고 자기 방에 새 침대와 책상을 사서 들여놨거든요. 아이도 혼자 잘 수 있다고 자신 있게 말했고요. 그런데 밤만 되면 우리와 떨어지지 않으려는 거예요. 처음에는 자기 방에서 혼자 자려고 하는 것 같더니 금방 우리 방으로 건너오지 뭐예

요. 그래서 아직까지 같이 자고 있어요. 아무래도 따로 재우는 걸 포기해야 할까 봐요. 혹시 우리 애가 독립심이 떨어지는 것은 아닐까요?

A : 아이가 부모와 떨어지지 않으려고 한다고 해서 꼭 독립심이 없다고는 볼 수 없습니다. 혼자 자겠다고 마음먹은 것을 보면 혼자 자고 싶은 생각도 있는 겁니다. 다만 습관이 들지 않아 그런 것뿐이죠. 부모와 함께 지내다가 갑자기 혼자 있게 되면 두려워지는 것은 아주 당연한 일입니다.

이럴 때 억지로 떼어놓으려 하면 아이가 더 불안해합니다. 자연스럽게 자기 방으로 갈 때까지 기다려주세요. 특히 "혼자 자는 게 뭐가 무섭다고 그래? 귀신이라도 나올까 봐 그래? 도대체 엄마 아빠가 옆방에 있는데 뭐가 무섭다는 거야?" 하는 식으로 핀잔을 주는 일을 삼가야 합니다. 설마 정말로 아이가 귀신이 무서워서 혼자 자려고 하지 않는다는 생각을 하는 건 아니시겠죠?

5세 아이는 부모에게 기대지 않고 혼자 서려는 마음과 부모와 떨어지는 것에 대한 불안감(분리불안)을 함께 갖고 있습니다. 이는 아이가 조금 더 자랐다는 증거인 동시에 아직 덜 자랐다는 증거이기도 합니다. 말하자면 5세는 심리적 이유기, 즉 부모나 교사 등 어른의 보호와 감독, 간섭으로부터 벗어나 독립적으로 행동하고자 하는 시기인 동시에 분리불안을 함께 갖고 있는 시기입니다.

우리는 먼저 분리불안이 왜 아이들을 괴롭히는지 알아야 합니다. 분리불안은 태어날 때부터 생긴다고 할 수 있습니다. 따뜻하고 안전한 엄마 뱃속에 있다가 갑자기 떨어져 나오면 뭔가 두려운 마음이 들지 않겠어요?

특히 6개월에 접어들면서부터 낯가림이 심해지는데, 이는 엄마와의 애착이 정상적으로 형성되었다는 것을 보여주는 증거입니다. 어린 아이가 믿을 만한 사람에게 몸을 맡기는 것은 생존을 위해서입니다. 동물도 마찬가지입니다.

갓 태어난 병아리는 종종거리며 돌아다니다가도 하늘에 솔개가 뜨면 본능적으로 암탉에게 갑니다. 누구도 솔개가 위험하다는 사실을 가르쳐주지 않았는데 말입니다. 이때 병아리가 몸을 피하지 않으면 어떻게 될까요? 먹이를 노리는 솔개에게 잡아먹히고 말 겁니다.

'까꿍놀이'는 유아의 분리불안을 없앨 수 있는 좋은 놀이입니다. 엄마가 얼굴을 가리고 있다가 갑자기 손을 치우면서 "까꿍!" 하면 아이는 자지러지게 웃습니다. 사라졌던 엄마가 나타나니 너무 좋은 것이지요. 아이들은 이러한 까꿍놀이를 통해 엄마가 사라졌다고 해도 영원히 사라지지 않고 다시 나타난다는 사실을 알게 됩니다.

분리불안은 자라면서 차츰 사라지게 되어 있습니다. 몸만 자라는 것이 아니라 정신도 함께 자라니까요. 물론 드물기는 하지만 중고등학교에 들어갈 때까지 분리불안 증세를 보이는 경우도 있습니다. 그 이유는 타고난 성격 때문일 수도 있고, 무의식 속에 남아 있는 어떤 정신적인 상처 때문일 수도 있습니다. 예를 들어 엄마가 시장에 가서 장을 보고 있는 동안 아이가 잠에서 깨어나 혼자 있다는 것을 알았을 때 느꼈던 무서움과 외로움이 무의식 속에 남아 있는 것이지요.

엄마의 입장에서 아이들을 키울 때 가장 신경 쓰이는 것이 아무래도 안전에 관한 문제일 겁니다. 블레이드를 타다가 넘어져서 다치지나 않을지, 낯선 사람을 따라가지나 않을지 늘 걱정이지요. 그래서 차조심하라고, 앞을 보고 똑바로 걸으라고, 몸의 안전을 위해 지켜야 할 사항들을 알려주는 것이지요.

그런데 말입니다. 아이의 몸은 그토록 신경 쓰면서 왜 아이의 정서에 대해서는 별 관심을 두지 않는 걸까요?

몸의 안전보다 더 중요한 것이 정서적인 안정입니다. 몸은 상처를 입어도 치료만 잘 하면 금방 낫습니다. 시간이 지나면 저절로 아물기도 하지요. 하지만 마음에 입은 상처는 치료를 해도 잘 낫지 않고, 시

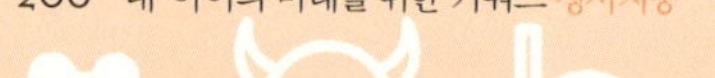

간이 지나면 더 커지기 마련입니다. 따라서 엄마는 아이가 정서적으로 안정을 유지할 수 있도록 신경 쓸 필요가 있습니다.

일단 아이가 두려움을 느낀다는 사실을 부정하지 마세요. 아이 편에 서서 마음을 헤아려주세요. "맞아, 엄마도 어렸을 때 혼자 자는 게 무서웠어." 하고 아이의 마음을 인정해야 합니다. 엄마에게 자신의 감정을 인정받게 되면 아이의 정서는 더욱더 튼튼해집니다. 부모로부터 적절한 보살핌과 관심, 사랑을 받으며 자라는 아이는 강한 독립심을 갖게 되는 것은 물론 혼자 있어도 절대 불안이라는 늪에 빠지지 않는답니다.

친구 생일에 초대받지 못했대요

Q : 어쩌죠? 친구 생일인데 자기는 초대받지 못했다고 아이가 속상해하고 있어요.

A : 속이 상한 건 아이뿐만이 아닌 것 같네요. 풀이 죽어 있는 아이의 모습을 보니 엄마도 마음이 안 좋으시죠?

Q : 네 맞아요.

A : 좋게 생각하세요. 모두 다 부르기 힘드니까 가까운 아이만 불렀겠죠.

Q : 처음엔 저도 그렇게 생각했는데, 아니에요. 저번 주에 열린 다른 친구 생일 파티에도 초대받지 못했대요.

A : 아, 네. 마음이 상하실 만도 하네요. 생일 파티에 초대받고 안 받고를 떠나서 왜 친구들이 우리 아이와 놀아주지 않을까, 왜 우리 아이는 친구들과 잘 어울리지 못하고, 친구들이 놀기 싫어할까, 하는 생각에 답답하시겠네요.

그런데 아이가 생일 파티에 초대받지 못했다고 속상해할 때 아이의 기분을 풀어준답시고 생일에 초대하지 않은 아이를 비난해서는 안 됩니다. 예를 들어 "참 나쁜 아이구나. 그치? 어떻게 너만 안 부를 수가 있니?" 하고 말하는 것은 모든 원인과 잘못을 남에게 떠넘기는 것에 불과합니다.

"네가 친구를 놀렸으니까 그러겠지." 하고 아이를 비난하는 것도 바람직하지 않은 태도입니다. 아이에게 마음의 짐만 더 얹어주는 격이니까요. 또한 엄마에게 이런 말을 듣는 순간 아이는 자신에 대해 부정적인 생각을 갖게 됩니다.

먼저 아이의 마음을 헤아려주세요.

"초대를 받지 못해서 화가 나고, 그 아이가 밉지?"

그런 다음 아이에게서 생일 초대와 관련된 여러 가지 이야기를 끌어내보세요. 초대하지 않은 아이와 싸운 적이 있다고 하면 두 아이가 상대에게 가지고 있는 좋지 않은 감정을 풀 수 있는 방법을 찾아보세요. 아이와 함께요. 어른들은 친구를 어떻게 사귀는지, 친구들과 어떻게 지내는지, 오해가 생겼을 때는 어떻게 푸는지 등등의 이야기도 들려주시고요. 무엇보다 중요한 건 아이가 자기 자신을 믿을 수 있도록 하는 것입니다.

생일 파티에 아는 사람을 모두 부를 수는 없다는 것, 누구에게나 특별히 소중한 친구가 있다는 것, 모든 사람의 마음에 들 수는 없다는 것을 가르쳐주세요. 기분이 좋지 않을 때 아이 스스로 나쁜 기분을 떨쳐낼 수 있는 방법도 가르쳐주세요. 다른 친구와 함께 논다거나 엄마와 재미있는 영화를 보는 것도 하나의 방법이겠죠.

몰론 이런 이야기를 나누기 전에 엄마는 아이가 다니는 원을 찾아가 교사로부터 아이의 사회성에 대해서, 친구와의 관계에 대해서 조언을 들을 필요가 있습니다. 아무래도 아이들은 원에서 생활할 때와 가정에서 생활할 때의 모습이 다르고, 아이의 사회적 관계를 볼 수 있는 가장 좋은 창이 바로 아이가 다니는 원에서 생활하는 모습이기 때문입니다.

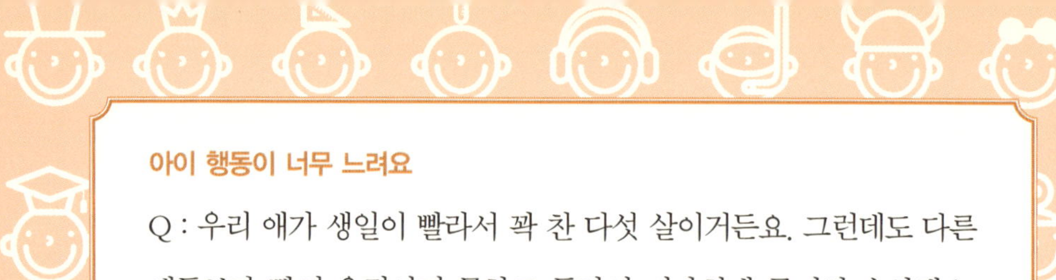

Q : 우리 애가 생일이 빨라서 꽉 찬 다섯 살이거든요. 그런데도 다른 애들보다 빨리 움직이지 못하고 동작이 지나치게 굼떠서 속상해요. 우리 애는 왜 이렇게 느린 걸까요?

A : 아이의 동작이 느려 많이 답답하신 모양이군요. 그 마음 이해합니다. 우리 아이도 말이 느리거든요.

Q : 정말 답답해요. 하루에도 몇 번씩 야단을 치고 따끔하게 혼을 냈지만 달라지지 않네요. 야단치는 것도 한두 번이지, 저도 지쳤고요. 지난해까지 다녔던 어린이집 선생님도 그런 문제로 애를 먹었어요.

A : 어느 정도나 행동이 느린데요?

Q : 밥을 먹을 때도 먹는 둥 마는 둥 하고, 음식을 입안에 오래 물고 있어요. 학습지를 주고 문제를 풀라고 하면 힘이 든다면서 누워서 하고요. 그러다 보니 뭘 제대로 끝낸 적이 없어요. 제가 걱정하는 것은 아이가 점점 소극적으로 행동하고 자신감을 잃어간다는 거예요.

A : 먼저 말씀드리고 싶은 것은 아이의 느린 행동 때문에 답답해하는 부모가 굉장히 많다는 겁니다. 많은 아이들이 엄마들이 바라는 것만큼 빨리 움직이지 못합니다.

아이의 속도는 어른의 속도와 많이 다르기 때문이지요. 만약 아이의 동작이 또래 아이들보다 특별히 느리다는 생각이 드신다면 아이가 왜

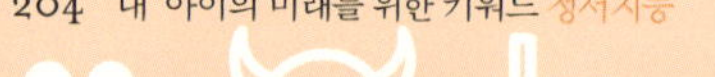

이렇게 행동하는지, 특별히 의학적으로 아이의 신체에 이상이 없다면 무엇 때문에 그러는지 원인을 알아야겠네요. 그런데 집에 오는 학습지 교사들이나 아이가 다니는 학원이 많은가요?

Q : 글쎄요. 학습지 교사도 오고, 학원도 두 군데는 다니지만 다른 아이들도 우리 아이 정도는 하던데요.

A : 하지만 아이들은 저마다 달라서 같은 상황이라고 해도 대응하는 방식이 모두 다르답니다.

제 생각에는 '이거 하고 나면 저거 해야 할 거고, 저거 하고 나면 밥 먹어야 할 거고, 밥 다 먹은 후에는 씻어야 할 거고…' 하는 식으로 아이가 자기가 해야 할 일들을 다 알고 있고, 의무적으로 해야 한다고 느끼기 때문에 즐기지 못하는 것 같아요. 아이가 즐겁지 않으면 그 무엇도 소용없는 거 아닐까요? 넘치지 않고 조금 모자란다는 느낌이 들도록 해주세요. '내가 하고 있는 일들은 지금이 아니면 할 수 없다. 지금 즐겨야 한다.' 는 생각을 할 수 있게 말이죠.

또한 부모의 사랑에 목말라 있는 아이는 엄마의 잔소리를 관심으로 받아들여 더 많은 관심을 받으려고 더욱더 느리게 행동하기도 한답니다. 엄마의 잔소리가 듣기 싫으면서도 한편으로는 관심을 받고 있다는 생각에 좋은 거지요. 아이는 자신을 내던져서라도 부모의 관심을

끌어야 만족하는, 매우 나약하면서도 영리한 존재랍니다.

아이가 행동을 느리게 하는 원인을 알아내면 고치기도 쉽겠지요. 일단은 아이에게 자유를 줘보시면 어떨까요? 당분간은 학습지나 학원을 끊어보는 겁니다. 그리고 아이에게 어떤 변화가 일어나는지 아이가 다니는 원과 가정에서 함께 관찰하는 것이죠.

조금 더 구체적으로 말씀드릴게요. 아이가 원에서 돌아오면 엄마가 집에서 함께 시간을 보내주세요. 원에서 즐겁게 논다는 것은 원이 제공하는 프로그램에 적극적으로 참여한다는 뜻이고, 결국 친구들과도 잘 지낸다는 뜻이에요. 아이가 원하는 놀이가 무엇인지, 엄마 자신이 원하는 놀이는 또 무엇인지 찾아보세요. 그리고 아이와 함께 신나게 놀고, 마음껏 웃어주세요. 그러면 아이는 노는 즐거움, 행하는 즐거움을 알게 될 거예요. 더불어 아이가 좀 더 빠르게 행동할 수 있도록 작은 노력도 기울여주세요.

아이에게 시간에 대한 인식이 생겨나는 것은 4세 이후인데요. 이때 아이가 시간을 인식할 수 있도록 그에 관한 대화를 자주 하는 것이 좋습니다. 예를 들어 "유치원에는 9시까지 가는 거야. 시계를 보면 짧은 바늘이 있지? 그 바늘이 숫자 9에 가기 전에 유치원에 도착해야 해. 그러려면 8시에는 밥을 다 먹어야겠지?" 하고 말하면 아이는 자연스럽

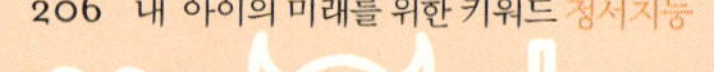

게 시간개념을 익힐 수 있을 겁니다. 아이 생일에 손목시계를 선물해 주는 것도 좋겠지요?

또 아이의 장점을 찾아내서 칭찬을 듬뿍 해주세요. 나쁜 점을 찾기 시작하면 끝도 없으니까요. 이 세상에 완벽한 사람이란 없답니다. 고쳐야 할 점을 찾아내서 고치도록 하는 것보다 좋은 점을 찾아내서 칭찬을 많이 해주는 것이 교육적으로 훨씬 더 효과적입니다. 동작이 느린 아이의 경우 행동이 빨라질 때마다 칭찬을 해주세요. 몇 번만 칭찬 받아도 아이는 자존감을 되찾을 겁니다.

작은 일이라도 아이 스스로 하게 만들려면 엄마가 기다리는 수밖에 없습니다. 아이가 확실한 믿음을 갖고 움직일 때까지 조용히 지켜보면서 칭찬을 해주세요. 부모로부터 인정받으며 자란 아이는 사회생활을 여유롭게 잘해 나갈 수 있답니다. 부모의 인정만이 아이에게 좌절을 이겨내고 다시 도전할 수 있는 용기를 준다는 사실, 그리고 우리의 삶에 있어 중요한 것은 '속도' 가 아니라 '방향' 이라는 것도 잊지 마세요.

아이를 리더로 키우고 싶어요

Q : 아이를 리더로 키우고 싶은데 엄마가 집에서 해줄 일은 없을까요?

A : 엄마들이 저에게 자주 하는 질문이네요. 엄마들도 잘 알고 계시겠지만 요즘에는 단순히 조직이나 단체의 장만을 리더라고 하지 않습니

다. 현대사회에서는 주로 다음과 같은 사람을 리더라고 합니다.

첫째, 리더는 실수와 시행착오를 인정하고, 냉철하게 현재를 직시하며, 미래에 대한 비전 을 갖고 자신의 삶을 이끌어가는 사람입니다.

리더는 지나간 일에 얽매여 현재의 자신을 괴롭히거나 앞날을 비관적으로 바라보지 않습니다. 리더는 과거의 관습을 무조건 이어받지 않고, 자신이 내린 판단을 일방적으로 밀어붙이지도 않습니다. 리더는 필요에 따라 계획을 바꿀 줄 알며, 그때그때 삶에 대한 열정을 불태웁니다.

좀 더 쉽게 말하면 리더는 자신의 실수와 실패를 겸허히 인정하고, 앞으로 나아갈 자양분으로 삼기 때문에 어떤 갈등상황도 해결할 수 있습니다. 즉 실패와 시행착오를 성공의 길로 들어서기 위한 디딤돌로 생각한다는 것입니다. 그리고 '엘리트' 라고 해서 모두 '리더' 는 아니지만 '리더' 는 모두 '엘리트' 랍니다.

둘째, 리더는 즐기는 사람입니다.

리더는 즐겁게 일하고, 즐겁게 먹고, 즐겁게 사람들을 만나고, 즐겁게 자연이 주는 혜택을 누립니다. 자신이 이룬 것을 즐기되 이상에 얽매이지 않고 순간을 소중하게 생각합니다. 다른 사람의 입장을 이해

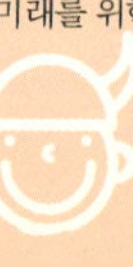

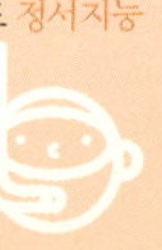

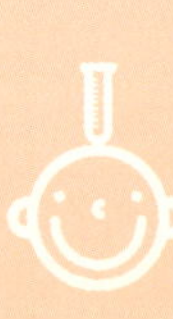

하며, 내 감정과 남의 감정을 똑같이 귀하게 여깁니다. 리더는 남을 부러워하거나 미워하거나 싫어하지 않고, 뚜렷한 성과를 이룬 사람에게는 아낌없이 박수를 보낼 줄 압니다.

셋째, 리더는 자기인식 수준이 높은 사람입니다.

자신을 사랑하고, 믿고, 또 자신을 제대로 표현하기 위해서는 무엇보다 자신에 대해 잘 알아야 합니다. 이를 자기인식이라 하는데, 자기인식 수준이 높으면 높을수록 타인을 잘 이해하고 배려하는 타인인식 수준도 높은 것입니다.

결론적으로 리더는 나를 알고 나의 비전을 세우고, 이를 통해 타인과 사회에 긍정적인 영향을 미치는 사람입니다.

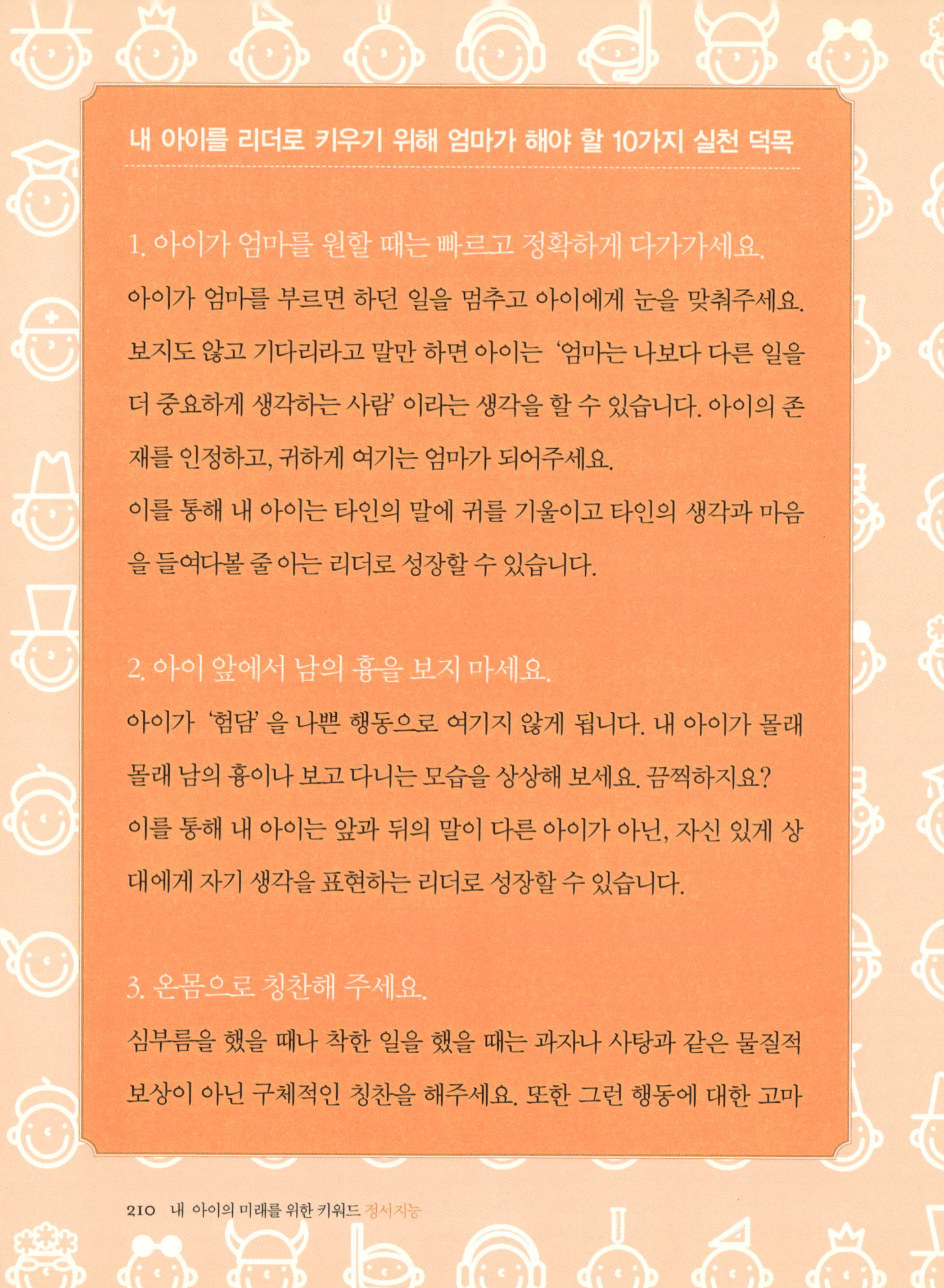

내 아이를 리더로 키우기 위해 엄마가 해야 할 10가지 실천 덕목

1. 아이가 엄마를 원할 때는 빠르고 정확하게 다가가세요.

아이가 엄마를 부르면 하던 일을 멈추고 아이에게 눈을 맞춰주세요. 보지도 않고 기다리라고 말만 하면 아이는 '엄마는 나보다 다른 일을 더 중요하게 생각하는 사람'이라는 생각을 할 수 있습니다. 아이의 존재를 인정하고, 귀하게 여기는 엄마가 되어주세요.

이를 통해 내 아이는 타인의 말에 귀를 기울이고 타인의 생각과 마음을 들여다볼 줄 아는 리더로 성장할 수 있습니다.

2. 아이 앞에서 남의 흉을 보지 마세요.

아이가 '험담'을 나쁜 행동으로 여기지 않게 됩니다. 내 아이가 몰래 몰래 남의 흉이나 보고 다니는 모습을 상상해 보세요. 끔찍하지요?

이를 통해 내 아이는 앞과 뒤의 말이 다른 아이가 아닌, 자신 있게 상대에게 자기 생각을 표현하는 리더로 성장할 수 있습니다.

3. 온몸으로 칭찬해 주세요.

심부름을 했을 때나 착한 일을 했을 때는 과자나 사탕과 같은 물질적 보상이 아닌 구체적인 칭찬을 해주세요. 또한 그런 행동에 대한 고마

움도 표현해 주세요. 아이가 최고의 기분이 들도록 맘껏 칭찬하고 고마워하세요.

이를 통해 내 아이는 스스로에 대해 자신감을 갖는 것은 물론 타인이 잘되는 것에 진정한 박수를 보낼 줄 아는 리더로 성장할 수 있습니다.

4. 웃어주세요.

행복하기 위해선 즐길 수 있어야 하고, 사람들과 소통할 수 있어야 하며, 화가 나는 등의 부정적인 감정 표현도 슬기롭게 할 수 있어야 합니다. 행복한 엄마가 아이를 행복한 어른으로 키운다는 것은 진리나 마찬가지입니다. 아이의 행복을 위해 엄마가 자신의 감정을 지혜롭게 드러내보세요.

이를 통해 내 아이는 행복이 습관이 된 리더로 성장할 수 있습니다.

5. 자녀들 앞에서 갈등을 보여주세요.

갈등을 풀어나가는 과정은 인간관계에 있어서 핵심이라고 할 수 있으며, 이는 또한 서로를 존중해 가는 과정이기도 합니다. 다투지 말고 대화로 서로 다른 의견을 합리적으로 맞춰 나가는 모습을 아이에게 보여주세요. 가정도 작은 사회이니 부모가 갈등하는 모습, 해결하는 모습, 그래서 화합하는 모습을 보여야 합니다.

이를 통해 내 아이는 자신이 속한 상황과 사람과의 갈등을 긍정적으로 해결해 나가는 리더로 성장할 수 있습니다.

6, 아침에 일어나면 으스러질 정도로 아이를 껴안아주세요.
두 팔 가득 아이를 안고 아이가 오늘 하루를 기분 좋게 시작할 수 있게 해주세요. 하루가 모여 한 달이, 1년이, 아이의 미래가 이루어집니다. 아침에 일어나 아이를 꼭 껴안는 것은 아이가 하루를 기분 좋게 시작할 수 있도록 해주는 엄마의 사랑이며, 그 무엇과도 바꿀 수 없는 즐거운 포옹입니다.
이를 통해 내 아이는 하루를 즐겁게 시작하고, 사람들과 어울려 생활할 수 있는 힘을 얻어 매일이 즐거운 리더로 성장할 수 있습니다.

7, 잔소리가 아닌 대화를 하세요.
뒤에서 하는 말은 잔소리요, 눈을 맞추고 앞에서 하는 말은 대화입니다. 잔소리는 사람에 대해 피곤함을 느끼게 하지만 대화는 사람에 대해 편안함을 느끼게 하지요.
이를 통해 내 아이는 사람들과 자연스럽게 대화하고 소통할 수 있는, 사람들이 소중하게 여기는 리더로 성장할 수 있습니다.

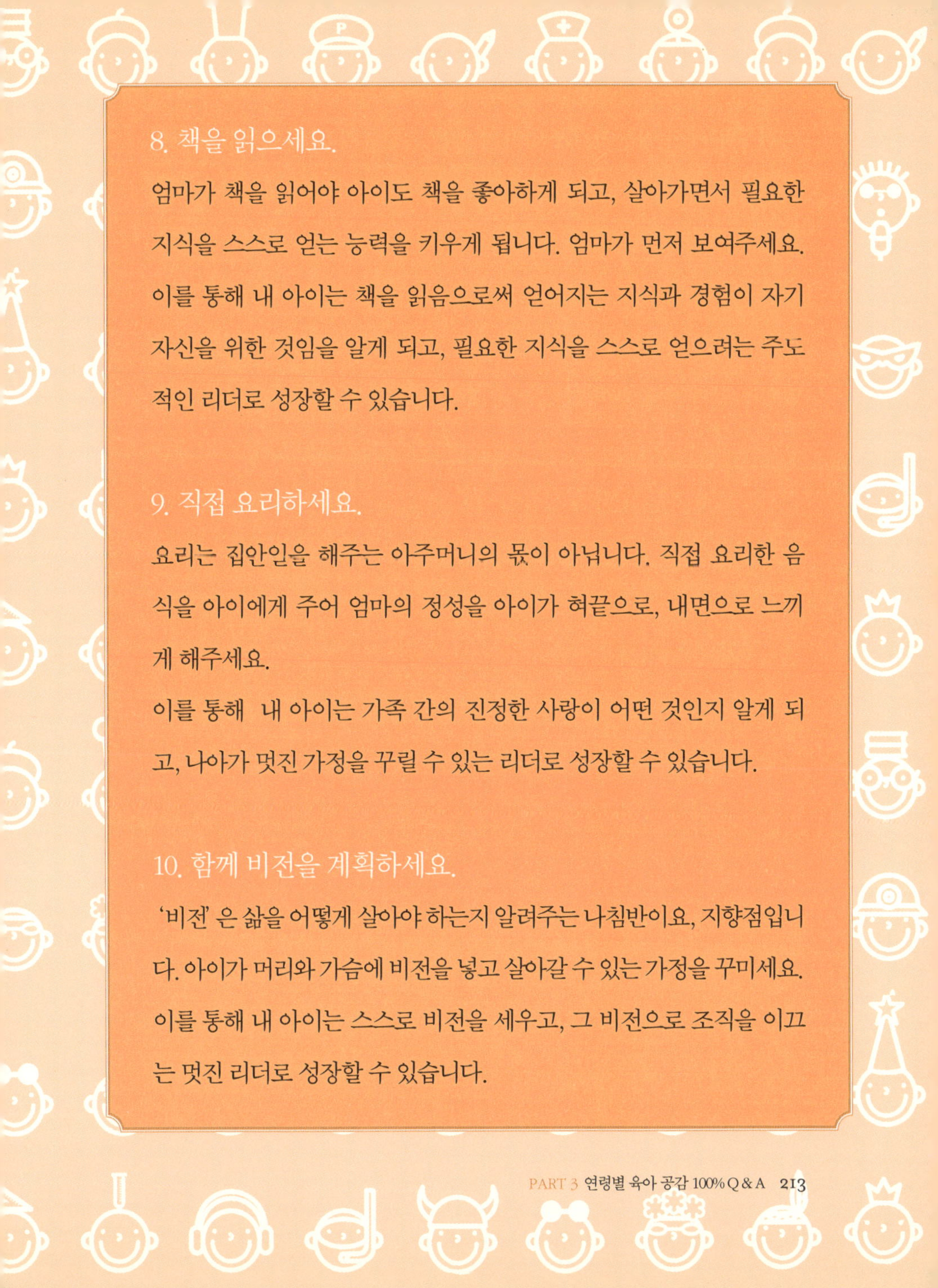

8. 책을 읽으세요.

엄마가 책을 읽어야 아이도 책을 좋아하게 되고, 살아가면서 필요한 지식을 스스로 얻는 능력을 키우게 됩니다. 엄마가 먼저 보여주세요. 이를 통해 내 아이는 책을 읽음으로써 얻어지는 지식과 경험이 자기 자신을 위한 것임을 알게 되고, 필요한 지식을 스스로 얻으려는 주도적인 리더로 성장할 수 있습니다.

9. 직접 요리하세요.

요리는 집안일을 해주는 아주머니의 몫이 아닙니다. 직접 요리한 음식을 아이에게 주어 엄마의 정성을 아이가 혀끝으로, 내면으로 느끼게 해주세요.

이를 통해 내 아이는 가족 간의 진정한 사랑이 어떤 것인지 알게 되고, 나아가 멋진 가정을 꾸릴 수 있는 리더로 성장할 수 있습니다.

10. 함께 비전을 계획하세요.

'비전' 은 삶을 어떻게 살아야 하는지 알려주는 나침반이요, 지향점입니다. 아이가 머리와 가슴에 비전을 넣고 살아갈 수 있는 가정을 꾸미세요. 이를 통해 내 아이는 스스로 비전을 세우고, 그 비전으로 조직을 이끄는 멋진 리더로 성장할 수 있습니다.

　가정 안에서 이루어지는 엄마의 작은 실천들이 내 아이에겐 습관이 됩니다. 그리고 엄마가 하는 말들이 결국은 내 아이의 표현력을 키워 줍니다. 좋은 습관과 표현력이 바로 사회생활을 잘할 수 있는 토대입니다.

　지금부터 시작해도 늦지 않습니다. 엄마는 아이를 위해서라면 무슨 일이든 할 수 있는 능력이 있는 존재라는 사실, 잊지 마시기 바랍니다.

감사의 글

육아나 교육학을 전공한 것도 아닌 내가 이렇게 아이들의 정서교육에 대해 공부하고, 사명감을 갖게 된 데에는 많은 지인들의 도움이 있었다.

항상 나의 비전에 대해 생각하게 해주시는 (주)한국리더십센터의 김경섭 회장님, 엄마만큼이나 살갑게 나의 마음을 어루만져주시는 김영순 박사님, 정서교육은 곧 뿌리교육이라는 강한 믿음을 갖게 해주신 문용린 교수님, 프로그램에 대해 자신감을 가져도 좋다고, 늘 응원하시는 홍은주 박사님.

그리고 언제나 든든하게 나를 지켜주시는 부모님, 세상에서 나밖에 모르는 신랑과 우리 지민, 리건이, 그리고 리틀소시에 모든 분들과 아이들에게 마음을 담아 감사의 말을 전한다. '기본'과 '원칙' 중심의 '가치로운 삶'을 위해 오늘도 낮은 자세로 배우는 김윤희가 될 것을 모두에게 겸손하게 약속드린다.

내 아이의 미래를 위한 키워드

정서지능 Jump-Up

초판 1쇄 인쇄 | 2011년 5월 1일
초판 1쇄 발행 | 2011년 5월 7일

지은이 | 김윤희
펴낸이 | 김찬웅
펴낸곳 | 세종미디어
편집주간 | 신현주
디자인 | 장유진
마케팅 실장 | 김용구

등록번호 | 제301-2008-217
등록일자 | 2008. 12. 24.
주소 | 서울시 마포구 서교동 355-29 금성빌딩 206호
전화 | 02-2269-1145   팩스 | 02-2265-1175
이메일 | sejongpub@hanmail.net

값 12,000원
ISBN 978-89-94485-05-8 13590